教育部高等学校电子信息类专业教学指导委员会规划教材
高等学校电子信息类专业系列教材·新形态教材

OpenHarmony
嵌入式系统原理与应用
——基于RK2206芯片 第2版·微课视频版

薛小铃 郑灵翔 吴德文 编著

清华大学出版社
北京

内 容 简 介

本书以物联网应用为切入点,以瑞芯微 RK2206 芯片为核心控制器,详细讲解了 OpenHarmony(开源鸿蒙)轻量级操作系统的原理与开发过程。本书基于已经通过开放原子开源基金会 XTS 认证的小凌派-RK2206 开发套件,书中所有的电路、程序和开发实例均在开发套件上调试和验证通过。本书主要内容:小凌派-RK2206 硬件快速入门,OpenHarmony 软件快速入门;OpenHarmony 移植,内核基础应用;基础外设应用,物联网应用;网络基础知识与编程,物联网协议与移植,畅游华为云。书中案例丰富,讲解由浅入深,有助于读者从原理到工具搭建再到开发设计系统地学习 OpenHarmony 操作系统。

本书可作为计算机类、电子类、电气类、自动化类等专业的嵌入式系统课程和实践教学、嵌入式系统开发、物联网设备开发、OpenHarmony 学习、学生课外科技创新和毕业设计等的教材或参考书,同时也可供对 OpenHarmony 感兴趣的推动者、从业者和潜在参与者参考。

版权所有,侵权必究。举报: 010-62782989, beiqinquan@tup.tsinghua.edu.cn。

图书在版编目(CIP)数据

OpenHarmony 嵌入式系统原理与应用: 基于 RK2206 芯片: 微课视频版 / 薛小铃, 郑灵翔, 吴德文编著. 2 版. -- 北京: 清华大学出版社, 2025.3. --(高等学校电子信息类专业系列教材).
ISBN 978-7-302-68497-8

Ⅰ. TN929.53

中国国家版本馆 CIP 数据核字第 2025LA0779 号

责任编辑:	刘　星
封面设计:	刘　键
责任校对:	申晓焕
责任印制:	丛怀宇

出版发行: 清华大学出版社
　　　网　　址: https://www.tup.com.cn, https://www.wqxuetang.com
　　　地　　址: 北京清华大学学研大厦 A 座　　邮　编: 100084
　　　社 总 机: 010-83470000　　邮　购: 010-62786544
　　　投稿与读者服务: 010-62776969, c-service@tup.tsinghua.edu.cn
　　　质量反馈: 010-62772015, zhiliang@tup.tsinghua.edu.cn
　　　课件下载: https://www.tup.com.cn, 010-83470236
印 装 者: 三河市龙大印装有限公司
经　　销: 全国新华书店
开　　本: 185mm×260mm　　印　张: 16.25　　字　数: 399 千字
版　　次: 2023 年 3 月第 1 版　　2025 年 5 月第 2 版　　印　次: 2025 年 5 月第 1 次印刷
印　　数: 3101~4600
定　　价: 69.00 元

产品编号: 109881-01

第2版前言
PREFACE

随着万物互联时代的到来,智能设备之间的互联互通和相互协同已成为推动社会进步的重要力量。为了应对这一趋势,OpenHarmony(开源鸿蒙)应运而生。OpenHarmony是由开放原子开源基金会孵化及运营的开源项目,是一款面向全场景、全连接、全智能时代的分布式操作系统,它打破了硬件间各自独立的边界,提出了基于同一套系统能力、适配多种终端形态的分布式理念,支持各种终端设备,将人、设备、场景有机地融合在一起,构建了一个超级终端智能互联的世界,正逐步成为推动万物互联行业发展的重要力量。

本书自第1版出版以来,不到一年半的时间印刷了3次,受到了广大读者和教育工作者的热烈欢迎与高度评价,已入选福建省"十四五"普通高等教育本科规划教材。为了适应当前OpenHarmony技术的快速发展和市场的持续需求,满足读者更深入、更系统地学习OpenHarmony的期望,我们决定编写第2版。

第2版在保留第1版核心内容与知识体系的基础上,对教材内容进行修订与升级。本版不仅对原有章节进行优化,保证教材内容描述更加准确、全面,还增加了许多新的内容,具体如下。

(1)紧跟OpenHarmony技术迭代。随着技术的快速发展和应用场景的不断拓展,OpenHarmony也在持续进行技术迭代,以适应万物互联行业的需求和挑战。书中新增了OpenHarmony Linux Docker编译方式和OpenHarmony Windows Docker编译方式,简化编译环境的搭建和管理;新增LiteOS文件读写开发案例,介绍LiteOS文件系统的基本概念、工作原理和接口函数,帮助读者深入理解OpenHarmony文件处理机制和文件操作技巧。

(2)实战项目案例丰富化。新增PWM、看门狗、华为云IoT智慧井盖应用等项目案例,丰富了OpenHarmony教材的内容体系,希望能为读者提供多样化的学习和实践资源,有助于读者更好地理解OpenHarmony的技术特点和在各类应用场景下的应用潜力,提升读者的开发能力和项目实战经验。

(3)新增了思考和练习。希望有助于巩固和深化读者的知识掌握程度,提升读者的动手能力、实践能力和创新思维。同时,教师可根据学生的习题完成情况进行反馈和指导,了解学生的学习进度和掌握程度,从而及时调整教学策略和方法,以帮助学生更好地掌握所学知识。

本书的第4章和第9章由郑灵翔编写,第5章由吴德文编写,其余章节由薛小铃编写,全书由薛小铃统稿和定稿。最后,本版修订过程中,还得到众多OpenHarmony开发者、专家及社区成员的宝贵建议和支持。在此,我们表示衷心的感谢!同时,由于作者水平有限,难免出现错误和不妥之处,敬请同行及读者提出宝贵意见。

配套资源

- 程序代码、编译环境、编译工具等资源：扫描目录上方的"配套资源"二维码下载。
- 教学课件、教学大纲、习题答案等资源：在清华大学出版社官方网站本书页面下载，或者扫描封底的"书圈"二维码在公众号下载。
- 微课视频(210分钟,20集)：扫描书中相应章节中的二维码在线学习。

注：请先扫描封底刮刮卡中的文泉云盘防盗码进行绑定后再获取配套资源。

薛小铃

2025年2月

第1版前言
PREFACE

随着万物互联时代的到来，智能设备之间的相互通信将大大提高生活效率和质量。为了让连接更完善、更全面，使多设备管理更加便捷，实现可靠、稳定的互联互通，需要一套开放的、面向全场景的分布式系统。

OpenHarmony（开源鸿蒙）是由开放原子开源基金会（OpenAtom Foundation）孵化及运营的开源项目，其基于开源的方式面向全场景、全连接、全智能时代，促进万物互联产业的繁荣发展。OpenHarmony可以基于同一套系统，适配多种终端形态，是一款面向未来、面向全场景的分布式操作系统。

本书以OpenHarmony为主题，详细讲解了基于瑞芯微RK2206芯片的嵌入式操作系统原理和开发过程，由浅入深地说明了OpenHarmony的原理、特点、开发工具、移植和应用，详细讲解了应用OpenHarmony操作系统开发物联网的软/硬件设计过程。

全书分为4篇，共9章，即快速入门篇、基础应用篇、外设实战篇和网络实战篇。

第1、2章为快速入门篇，包括RK2206硬件电路设计快速入门、OpenHarmony软件使用快速入门，介绍了RK2206芯片资源和硬件电路设计过程，介绍了OpenHarmony的由来、特点以及搭建OpenHarmony开发环境的过程，引导读者快速入门OpenHarmony操作系统软/硬件基础的学习。

第3、4章为基础应用篇，包括OpenHarmony移植和内核基础应用，介绍了如何进行OpenHarmony操作系统移植以及如何进行LiteOS内核编程。其中，内核基础章节主要介绍OpenHarmony轻量级操作系统的任务、队列、信号量、事件、互斥锁、软件定时器等常用知识，通过具体实验带领读者掌握OpenHarmony内核的移植和应用。

第5、6章为外设实战篇，包括使用OpenHarmony操作系统进行RK2206芯片基础外设开发和物联网领域的应用。介绍了GPIO口、ADC、液晶、EEPROM、NFC等RK2206芯片基础外设的硬件电路设计和OpenHarmony程序设计过程，以智慧井盖、智慧路灯、智慧车载、人体感应、智能手势和智慧农业6个经典案例为背景，介绍了使用OpenHarmony开发物联网项目的硬件和软件设计过程。通过具体案例学习，强化了工程能力训练，也可使读者加深对OpenHarmony原理和内核的认识，从而具备OpenHarmony操作系统初步开发能力。

第7~9章为网络实战篇，包括网络基础知识、物联网协议和畅游华为云，介绍了TCP、UDP、LwIP、MQTT和华为云IoT的OpenHarmony软件开发过程，介绍了OpenHarmony技术下无人值守、实时监控、远程控制的智慧农业应用场景。通过网络协议及基于Wi-Fi的华为云IoT学习，加深OpenHarmony操作系统的理解和应用能力，也可进一步学习物联网IoT开发应用。

本书特色

（1）领域新颖。本书系统介绍了基于瑞芯微 RK2206 芯片的 OpenHarmony 南向设备的开发，可以让读者深入了解瑞芯微 RK2206 芯片、OpenHarmony 操作系统及物联网设备的开发流程，为 OpenHarmony 学习和应用打下坚实的基础。

（2）深入浅出。本书从 OpenHarmony 环境搭建到内核基础再到物联网项目应用实例，从基础网络编程到华为云 IoT 设备开发，内容深入浅出，系统全面。

（3）实战性强。本书提供了十几个项目开发的完整源代码，并对源代码进行了详细讲解，确保读者在学习过程中能直接上手操作，做到理论与实践相结合。

（4）资料丰富。除了可以直接在 Gitee 仓下载配套资料和开源源码，本书提供了配套的视频讲解，方便读者直观深入学习。

（5）可借鉴性强。本书基于瑞芯微 RK2206 芯片介绍 OpenHarmony 开发，其原理应用同样适用于其他微控制器。

由于时间和作者水平的限制，书中难免有疏漏之处，恳请读者批评指正，联系方式见配套资源。

薛小铃
2023 年 1 月

目录 CONTENTS

配套资源

第 1 篇　快速入门篇

第 1 章　小凌派-RK2206 硬件快速入门 ················ 2
1.1　瑞芯微 RK2206 芯片简介 ················ 2
　　1.1.1　瑞芯微 RK2206 芯片 ················ 2
　　1.1.2　瑞芯微 RK2206 芯片功能集 ················ 2
1.2　小凌派-RK2206 开发板硬件简介 ················ 4
　　1.2.1　小凌派-RK2206 开发板概述 ················ 4
　　1.2.2　小凌派-RK2206 开发板架构 ················ 5
　　1.2.3　小凌派-RK2206 开发板硬件资源 ················ 5
1.3　小凌派-RK2206 开发板硬件设计 ················ 6
　　1.3.1　小凌派-RK2206 核心板硬件设计 ················ 6
　　1.3.2　小凌派-RK2206 底板硬件设计 ················ 11
1.4　思考和练习 ················ 17

第 2 章　OpenHarmony 软件快速入门 ················ 18
▶ 视频讲解：21 分钟，2 集
2.1　OpenHarmony 简介 ················ 18
　　2.1.1　OpenHarmony 是什么 ················ 18
　　2.1.2　OpenHarmony 技术特点 ················ 18
2.2　OpenHarmony Linux Docker 编译环境搭建 ················ 20
　　2.2.1　开发环境简介 ················ 20
　　2.2.2　安装虚拟机 ················ 20
　　2.2.3　安装 Linux ················ 22
　　2.2.4　安装开发依赖服务和工具 ················ 28
　　2.2.5　安装 Docker 工具 ················ 33
　　2.2.6　源代码下载 ················ 34
　　2.2.7　Docker 编译 ················ 34
　　2.2.8　烧写程序 ················ 37
　　2.2.9　查看调试串口 ················ 42
2.3　OpenHarmony Windows Docker 编译环境搭建 ················ 43
　　2.3.1　开发环境简介 ················ 43

2.3.2　安装开发依赖服务和工具 …………………………………………………………… 43
2.3.3　源代码下载 …………………………………………………………………………… 48
2.3.4　Docker 编译 …………………………………………………………………………… 49
2.3.5　烧录程序 ……………………………………………………………………………… 51
2.3.6　查看调试串口 ………………………………………………………………………… 51
2.4　思考和练习 ………………………………………………………………………………… 51

第 2 篇　基础应用篇

第 3 章　OpenHarmony 移植 …………………………………………………………………… 54
3.1　轻量级内核移植 …………………………………………………………………………… 54
3.1.1　LiteOS 内核概述 ……………………………………………………………………… 54
3.1.2　LiteOS 移植适配 ……………………………………………………………………… 54
3.2　轻量级内核移植测试 ……………………………………………………………………… 70
3.2.1　测试目的 ……………………………………………………………………………… 70
3.2.2　程序设计 ……………………………………………………………………………… 70
3.2.3　编译程序 ……………………………………………………………………………… 74
3.2.4　实验结果 ……………………………………………………………………………… 75
3.3　思考和练习 ………………………………………………………………………………… 75

第 4 章　内核基础应用 …………………………………………………………………………… 76
▶ 视频讲解：51 分钟，5 集
4.1　任务 ………………………………………………………………………………………… 76
4.1.1　任务的概念 …………………………………………………………………………… 76
4.1.2　任务的状态 …………………………………………………………………………… 76
4.1.3　程序设计 ……………………………………………………………………………… 76
4.1.4　实验结果 ……………………………………………………………………………… 78
4.2　队列 ………………………………………………………………………………………… 78
4.2.1　队列的概念 …………………………………………………………………………… 78
4.2.2　程序设计 ……………………………………………………………………………… 80
4.2.3　实验结果 ……………………………………………………………………………… 82
4.3　信号量 ……………………………………………………………………………………… 82
4.3.1　信号量的概念 ………………………………………………………………………… 82
4.3.2　程序设计 ……………………………………………………………………………… 83
4.3.3　实验结果 ……………………………………………………………………………… 85
4.4　事件 ………………………………………………………………………………………… 85
4.4.1　事件的概念 …………………………………………………………………………… 85
4.4.2　程序设计 ……………………………………………………………………………… 86
4.4.3　实验结果 ……………………………………………………………………………… 88
4.5　互斥锁 ……………………………………………………………………………………… 88
4.5.1　互斥锁的概念 ………………………………………………………………………… 88
4.5.2　程序设计 ……………………………………………………………………………… 89
4.5.3　实验结果 ……………………………………………………………………………… 91
4.6　软件定时器 ………………………………………………………………………………… 91

4.6.1　软件定时器的概念 ………………………………………………………………… 91
　　4.6.2　程序设计 …………………………………………………………………………… 92
　　4.6.3　实验结果 …………………………………………………………………………… 93
4.7　中断 ……………………………………………………………………………………………… 93
　　4.7.1　中断的概念 ………………………………………………………………………… 93
　　4.7.2　开发流程 …………………………………………………………………………… 94
4.8　内存管理 ………………………………………………………………………………………… 95
　　4.8.1　内存管理的概念 …………………………………………………………………… 95
　　4.8.2　静态内存 …………………………………………………………………………… 96
　　4.8.3　动态内存 …………………………………………………………………………… 97
4.9　文件读写 ………………………………………………………………………………………… 99
　　4.9.1　文件的概念 ………………………………………………………………………… 99
　　4.9.2　程序设计 …………………………………………………………………………… 99
　　4.9.3　实验结果 …………………………………………………………………………… 101
4.10　思考和练习 …………………………………………………………………………………… 101

第3篇　外设实战篇

第5章　基础外设应用 ……………………………………………………………………………… 104

▶ 视频讲解：48分钟，5集

5.1　点亮LED灯 …………………………………………………………………………………… 104
　　5.1.1　硬件电路设计 ……………………………………………………………………… 104
　　5.1.2　程序设计 …………………………………………………………………………… 104
　　5.1.3　实验结果 …………………………………………………………………………… 106
5.2　ADC按键 ……………………………………………………………………………………… 106
　　5.2.1　硬件电路设计 ……………………………………………………………………… 107
　　5.2.2　程序设计 …………………………………………………………………………… 107
　　5.2.3　实验结果 …………………………………………………………………………… 110
5.3　LCD显示 ……………………………………………………………………………………… 110
　　5.3.1　硬件电路设计 ……………………………………………………………………… 110
　　5.3.2　程序设计 …………………………………………………………………………… 112
　　5.3.3　实验结果 …………………………………………………………………………… 121
5.4　EEPROM应用 ………………………………………………………………………………… 121
　　5.4.1　硬件电路设计 ……………………………………………………………………… 121
　　5.4.2　程序设计 …………………………………………………………………………… 124
　　5.4.3　实验结果 …………………………………………………………………………… 130
5.5　NFC碰一碰 …………………………………………………………………………………… 131
　　5.5.1　硬件电路设计 ……………………………………………………………………… 131
　　5.5.2　程序设计 …………………………………………………………………………… 132
　　5.5.3　实验结果 …………………………………………………………………………… 136
5.6　PWM控制 ……………………………………………………………………………………… 136
　　5.6.1　硬件接口 …………………………………………………………………………… 136

5.6.2　程序设计 …………………………………………………………………… 136
　　5.6.3　实验结果 …………………………………………………………………… 138
5.7　看门狗 …………………………………………………………………………………… 139
　　5.7.1　硬件看门狗工作原理 ………………………………………………………… 139
　　5.7.2　程序设计 …………………………………………………………………… 139
　　5.7.3　实验结果 …………………………………………………………………… 141
5.8　思考和练习 ……………………………………………………………………………… 143

第6章　物联网应用 …………………………………………………………………………… 144
▶ 视频讲解：61分钟，6集
6.1　智慧井盖 ………………………………………………………………………………… 144
　　6.1.1　硬件电路设计 ………………………………………………………………… 144
　　6.1.2　程序设计 …………………………………………………………………… 144
　　6.1.3　实验结果 …………………………………………………………………… 150
6.2　智慧路灯 ………………………………………………………………………………… 150
　　6.2.1　硬件电路设计 ………………………………………………………………… 150
　　6.2.2　程序设计 …………………………………………………………………… 152
　　6.2.3　实验结果 …………………………………………………………………… 154
6.3　智慧车载 ………………………………………………………………………………… 155
　　6.3.1　硬件电路设计 ………………………………………………………………… 155
　　6.3.2　程序设计 …………………………………………………………………… 156
　　6.3.3　实验结果 …………………………………………………………………… 159
6.4　人体感应 ………………………………………………………………………………… 159
　　6.4.1　硬件电路设计 ………………………………………………………………… 159
　　6.4.2　程序设计 …………………………………………………………………… 161
　　6.4.3　实验结果 …………………………………………………………………… 164
6.5　智能手势 ………………………………………………………………………………… 164
　　6.5.1　硬件电路设计 ………………………………………………………………… 164
　　6.5.2　程序设计 …………………………………………………………………… 166
　　6.5.3　实验结果 …………………………………………………………………… 170
6.6　智慧农业 ………………………………………………………………………………… 171
　　6.6.1　硬件电路设计 ………………………………………………………………… 171
　　6.6.2　程序设计 …………………………………………………………………… 171
　　6.6.3　实验结果 …………………………………………………………………… 177
6.7　思考和练习 ……………………………………………………………………………… 177

第4篇　网络实战篇

第7章　网络基础知识与编程 …………………………………………………………………… 180
7.1　网络基础知识概述 ……………………………………………………………………… 180
　　7.1.1　网络层次划分 ………………………………………………………………… 180
　　7.1.2　OSI七层网络模型 …………………………………………………………… 181
　　7.1.3　IP地址 ……………………………………………………………………… 183
　　7.1.4　子网掩码 …………………………………………………………………… 184

7.1.5 ARP/RARP ··· 185
7.1.6 路由选择协议 ·· 186
7.1.7 TCP/IP ·· 186
7.1.8 UDP ·· 190
7.2 TCP 编程 ·· 190
7.2.1 TCP 编程的 C/S 架构 ··· 190
7.2.2 TCP 编程接口分析 ·· 190
7.2.3 TCP 编程示例 ·· 194
7.3 UDP 编程 ··· 198
7.3.1 UDP 编程的 C/S 架构 ·· 198
7.3.2 UDP 编程的接口分析 ·· 198
7.3.3 UDP 编程示例 ··· 200
7.4 思考和练习 ·· 204

第 8 章 物联网协议与移植 ··· 205

8.1 LwIP 协议栈与移植 ·· 205
8.1.1 LwIP 简介 ·· 205
8.1.2 LwIP 的功能 ·· 205
8.1.3 LwIP 的优点 ·· 206
8.1.4 LwIP 的文件说明 ·· 206
8.1.5 LwIP 的 3 种编程接口 ·· 209
8.1.6 LwIP 移植 ·· 210
8.2 MQTT 协议与移植 ··· 217
8.2.1 MQTT 协议简介 ·· 217
8.2.2 MQTT 协议通信模型 ·· 217
8.2.3 MQTT 协议传输消息 ·· 218
8.2.4 MQTT 协议服务质量 ·· 218
8.2.5 MQTT 协议的方法 ·· 218
8.2.6 MQTT 函数接口 ·· 218
8.2.7 MQTT 移植 ·· 221
8.3 思考和练习 ·· 223

第 9 章 畅游华为云 ·· 224

▶ 视频讲解：29 分钟，2 集

9.1 华为云 IoT 简介 ·· 224
9.2 华为云 IoT 智慧农业应用 ·· 226
9.2.1 程序设计 ··· 226
9.2.2 连接华为云 ··· 231
9.2.3 实验结果 ··· 237
9.3 华为云 IoT 智慧井盖应用 ·· 239
9.3.1 程序设计 ··· 239
9.3.2 连接华为云 ··· 242
9.3.3 实验结果 ··· 246
9.4 思考和练习 ·· 247

第 1 篇

快速入门篇

- 第 1 章 小凌派-RK2206 硬件快速入门
- 第 2 章 OpenHarmony 软件快速入门

第1章 小凌派-RK2206 硬件快速入门

1.1 瑞芯微 RK2206 芯片简介

1.1.1 瑞芯微 RK2206 芯片

小凌派-RK2206 开发板采用瑞芯微高性能、高性价比的 RK2206 芯片。RK2206 芯片是一款低功耗、高集成的 MCU 无线局域网处理器，它可以应用于不同的应用领域，如物联网、可穿戴设备、家庭自动化、云连接等。

RK2206 芯片有 3 个核：Cortex-M4F、Cortex-M0 和 HiFi3 DSP。其中，Cortex-M4F 核用于运行操作系统和应用程序；Cortex-M0 核用于运行 WLAN MAC 协议栈；HiFi3 DSP 核用于运行音频和智能语音交互相关算法。480KB 的系统内存和高速 Flash/pSRAM 接口使 RK2206 能够灵活地适应不同的应用程序开发。

RK2206 芯片支持 IEEE 802.11b/g/n 无线和全介质接入控制 WLAN 整体解决方案，优化的高吞吐量设计使互联网应用运行更加顺畅，且支持自动硬件校准解决方案。

RK2206 芯片提供了丰富的外围设备接口，为音频播放和智能语音交互应用提供单通道 DAC 和三通道 ADC，支持 USB2.0、OTG、I^2C、UART、PWM、SPI 等接口，使产品开发更加简单多样。

1.1.2 瑞芯微 RK2206 芯片功能集

瑞芯微 RK2206 芯片功能集见表 1.1.1。

表 1.1.1 瑞芯微 RK2206 芯片功能集

类别	功能	描述
处理器	Cortex-M4F 最大工作频率 200MHz	主要用于运行操作系统和应用程序；ARMv7-M Thumb 指令集；支持浮点单元(FPU)；嵌套向量中断控制器(NVIC)与处理器核心紧密集成实现低延迟中断处理；支持内存保护单元(MPU)；串行线调试端口(SW-DP)调试访问；16KB I-Cache 和 16KB D-Cache；256 位缓存线

续表

类别	功能	描述
处理器	Cortex-M0	主要用于运行 WLAN MAC 协议栈；ARMv6-M Thumb 指令集；嵌套向量中断控制器与处理器核心紧密集成实现低延迟中断处理；串行线调试端口调试访问；16KB I/O 缓存；256 位缓存线
处理器	HiFi3 DSP 最大工作频率 300MHz	用于运行音频和智能语音交互的相关算法；具有 4 个 24 位 MAC 或双 32 位 MAC 架构的 HiFi3；支持语音降噪优化；集成 32KB/192KB I/O TCM 与 16KB/16KB I/O 缓存
内存	serial pSRAM	集成灵活的串行外设接口(FSPI)；支持 1 线/2 线/4 线数据位模式；支持 2MB/8MB 选择
内存	hyperbus pSRAM	支持 8 位数据同时传输模式；支持 DDR 模式；支持 2MB/4MB/8MB 选择
内存	System RAM	具有 256KB 的随机存取存储器，也叫主存，是与 CPU 直接交换数据的内部存储器，读写速度快，通常作为操作系统或其他正在运行中的程序的临时数据存储介质
存储	ROM	具有 16KB 的只读存储器，可用于存储启动程序
存储	eFuse	支持 1KB 的容量；支持编程、读、空闲模式，一般用于安全加密，防止软硬件被破解
存储	Serial NOR Flash	2MB/4MB/8MB 可选
存储	SD/MMC	兼容 SD 3.0、MMC ver4.51，数据位宽为 1 位
网络	WLAN	支持 IEEE 802.11b/g/n 制式，AP 模式；支持 96KB 的数据缓存
摄像头接口	CIF	支持 BT601/BT656 YCbCr 422 8 位输入；支持 UYVY/VYUY/YUYV/YVYU 配置；支持 RAW 8 位输入；支持 Y 与 UV 不同的存储地址；支持窗口复制
显示接口	MUC/SPI_LCD	支持 RGB565/YUV420 数据格式；支持 YUV2RGB；支持最大分辨率 480×320
音频接口	I2S0	支持 4 通道 TX 和 2 通道 RX；支持主从模式；支持 I^2S 三种模式的串行数据传输；支持 PCM 四种模式的串行数据传输；支持 16～32 位的数据；采样率高达 192kHz
音频接口	I2S1	直接与内部的音频编解码器相连；支持 2 通道 TX 和 4 通道 RX；支持主从模式；支持 I^2S 三种模式的串行数据传输；支持 PCM 四种模式的串行数据传输；支持 16～32 位的数据；采样率高达 192kHz
音频接口	PDM	支持主机接收模式；支持 2 线的 PDM 接口；支持 16～24 位的采样精度；采样率高达 192kHz；支持上升沿或者下降沿采样
音频接口	Audio PWM	支持两通道的音频 PWM；音频数据位宽：16～32 位；支持 8 位/9 位/10 位/11 位的音频分量；采样率高达 16kHz
音频接口	VAD	支持人声检测；支持人声频段带外滤波；支持人声大小检测；支持与 I2S0、I2S1、PDM 通信
音频接口	Audio Codec Controller	配合 RK812 可完美实现音频编解码解决方案；支持 24 位的 DAC 输出；支持 16 位/24 位的采样精度；支持 15 种采样率
接口	USB 2.0 OTG	支持高速(480Mbps)、全速(12Mbps)和低速(1.5Mbps)模式
接口	SPI	支持两个 SPI 控制器(SPI0/SPI1)；支持每个 SPI 带有一个片选；支持串行主从模式，软件可配置

续表

类别	功能	描述
接口	I²C	支持3个I²C接口（I2C0/I2C1/I2C2）；支持7位和10位地址模式；支持软件可编程时钟频率；I²C总线上的数据可以在标准模式下以高达100kbps的速率传输，在高速模式下以高达400kbps的速率传输，或在高速模式下以高达1Mbps的速率传输
	UART	支持3个UART接口（UART0/UART1/UART2）；两个64字节FIFO分别用于发送和接收操作；支持5位、6位、7位、8位串行数据传输或接收，启动、停止和奇偶校验等标准异步通信位；支持UART操作的不同输入时钟，波特率可达4Mbps；支持自动流量控制模式
	PWM	支持3个片上PWM控制器；支持捕获模式；提供参考模式并输出各种占空比波形；支持连续模式或一次性模式
	ADC	支持10位分辨率；高达1MSPS采样率；支持8个单端输入
	GPIO	所有GPIO都可以用来生成中断；支持电平触发和边缘触发中断；支持可配置的上升沿、下降沿和两侧触发中断；支持可配置的上拉或下拉

1.2 小凌派-RK2206开发板硬件简介

1.2.1 小凌派-RK2206开发板概述

小凌派-RK2206开发板概述见表1.2.1。

表1.2.1 小凌派-RK2206开发板概述

类别	功能	描述
处理器	CPU	RK2206
	内核	Cortex-M4F，主频高达200MHz
	DSP	Tensilica HiFi3 DSP，主频高达300MHz
网络	WLAN	Cortex-M0内核，支持IEEE 802.11b/g/n制式，AP模式
操作系统	版本	OpenHarmony轻量级
存储	RAM	256KB
	DTCM	192KB
	ROM	16KB
	PSRAM	8MB
	Flash	8MB
显示	LCD	SPI接口
	OLED	I²C接口
NFC	协议	NFC Forum Type 2 Tag
E53接口	应用于E53传感器模块案例	1组UART、1组I²C、1组SPI、ADC、5个GPIO（包含3通道PWM）
USB接口	USB OTG 2.0	1个
	USB转串口	1个（用于调试）

续表

类别	功能	描述
外部存储	类型	SD卡
LED灯	种类	1个NFC指示蓝灯、1个用户指示黄灯、1个电源指示红灯
按键	种类	1个复位按键、1个烧录按键、4个用户按键
主板供电	类型	USB 5V供电,两个接口均支持
麦克风接口	类型	支持两通道麦克风ADC输入
开发板应用	场景	IoT应用
尺寸	大小	72.5mm×60.7mm

1.2.2 小凌派-RK2206开发板架构

开发板主要由RK2206核心板、NFC、E53接口、液晶显示/SD卡接口、麦克风输入接口、USB接口、USB转串口、按键以及电源电路组成,开发板架构框图如图1.2.1所示。

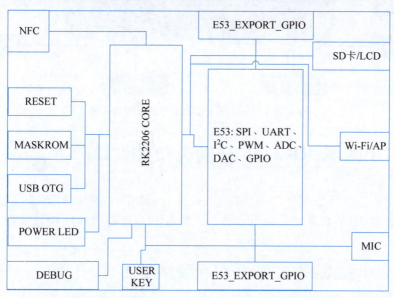

图1.2.1 小凌派-RK2206开发板架构框图

1.2.3 小凌派-RK2206开发板硬件资源

图1.2.2所示为小凌派-RK2206开发板硬件资源。开发板采用5V供电,供电接口采用USB Type-C接口,板上两个Type-C接口均可为开发板供电;在碰一碰功能中,NFC指示灯为能量收集指示,当外部NFC设备触碰时,灯会闪烁一下,提示发现外部设备;GPIO口使用标准2.54mm间距的插针和具有防呆设计功能的母座焊接,扩展接口与E53接口部分信号连接在一起,注意相同引脚不能同时使用;SD卡与液晶共用接口,二者也无法同时使用;用户指示灯与烧录按键共用I/O,烧录完成后该I/O可用来控制用户状态指示灯;E53接口中包含了一组SPI、一组UART、一组I^2C、5个GPIO(其中3个支持PWM功能)、一通道的DAC,标准中还有一通道的ADC,但此开发板不支持DAC输出。

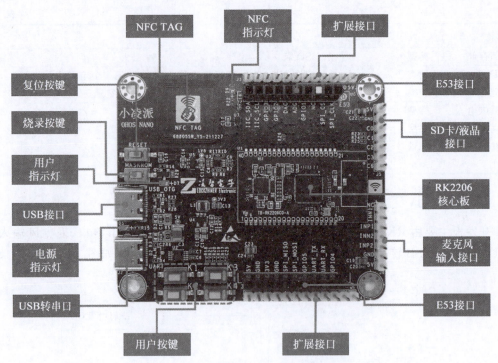

图 1.2.2 小凌派-RK2206 开发板硬件资源

1.3 小凌派-RK2206 开发板硬件设计

小凌派-RK2206 开发板硬件采用"核心板＋底板"设计，核心板集成电源管理，大大节约了器件成本，核心板从底板取电。接下来将分别对核心板和底板硬件设计进行详细介绍。

1.3.1 小凌派-RK2206 核心板硬件设计

核心板采用邮票孔的方式焊接在底板上，核心板电路采用 RK2206＋RK812 方案设计，其中 RK2206 作为开发板的处理器，RK812 作为电源管理芯片，为 RK2206 提供所需的电压。此外，RK812 内置 Audio Codec 并支持麦克风输入，小凌派开发板提供的两路麦克风接口正是在 RK812 支持下实现的。

在核心板中，复位电路、时钟电路、eFuse 电路如图 1.3.1 所示，为保证芯片稳定和正常工作，所需的最短复位时间为 400 个 40MHz 主时钟周期，即至少 $10\mu s$，其中 $C0$ 与 $R1$ 构成上电复位电路。网络标识 RESET 连接到底板通过按键控制系统复位；核心板实际焊接 $R2$，未对 eFuse_VDD_2V5 进行供电，即不使用 eFuse 功能。

核心板内核供电电源电路如图 1.3.2 所示，芯片电源引脚处的滤波电容一般是一个大电容并一个小电容，大电容起到电荷泵的作用，小电容起到滤除高频干扰的作用，由于芯片不需要太大的电流，这里仅使用了一个 $4.7\mu F$ 的大电容接口，其余引脚加一个 $100nF$ 的小电容。VDD 为 CPU 内核供电，VCCIO3 与 VCCIO4 分别为 Flash 与 pSRAM 供电。

核心板 USB 配置电路如图 1.3.3 所示，OTG_ID 内部有上拉电阻，故 USB 默认作为设

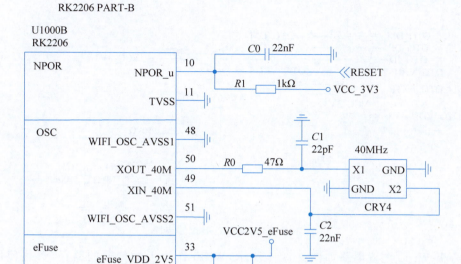

图 1.3.1 核心板复位电路、时钟电路和 eFuse 电路

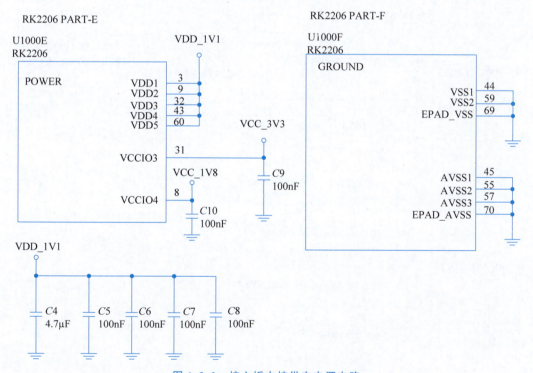

图 1.3.2 核心板内核供电电源电路

备端，OTG_VBUS 作为 USB 插入检测，若检测到高电平则标识有 USB 插入，其中 $R3$ 与 $R4$ 对 5V 进行分压，$C11$ 对检测信号进行滤波，防止插入瞬间出现误触发；$R5$ 为内部 USB 控制器的参考电阻，该电阻的精度影响到 USB 的幅度与眼图。

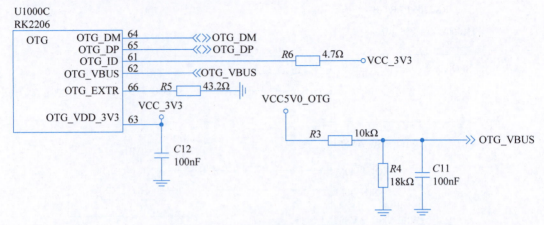

图 1.3.3　核心板USB配置电路

核心板 Wi-Fi 配置电路如图 1.3.4 所示，Wi-Fi 作为无线传输的路径，天线使用板载 PCB 天线，并预留了 π 型匹配电路；设计上还预留了外部天线电路，方便外接天线。

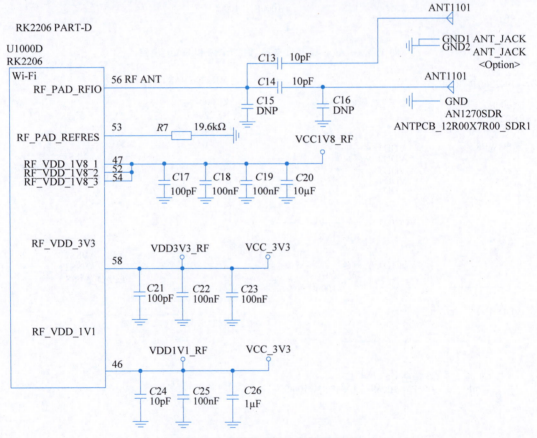

图 1.3.4　核心板 Wi-Fi 配置电路

核心板用户 I/O 口电路如图 1.3.5 所示，小凌派开发板上所有可复用的 I/O 口均从以下电路中的 I/O 口引出，其中 VCCIO0_1 与 VCCIO0_2 为 GPIO0_A 与 GPIO0_B 端口的供电电源，默认 3.3V 供电；ADC_AVDD_3V3 为 GPIO0_C 端口的供电电源，同样默认

3.3V 供电；VCCIO0_1 与 VCCIO2 为 GPIO0_D 端口的供电电源，默认 1.8V 供电。

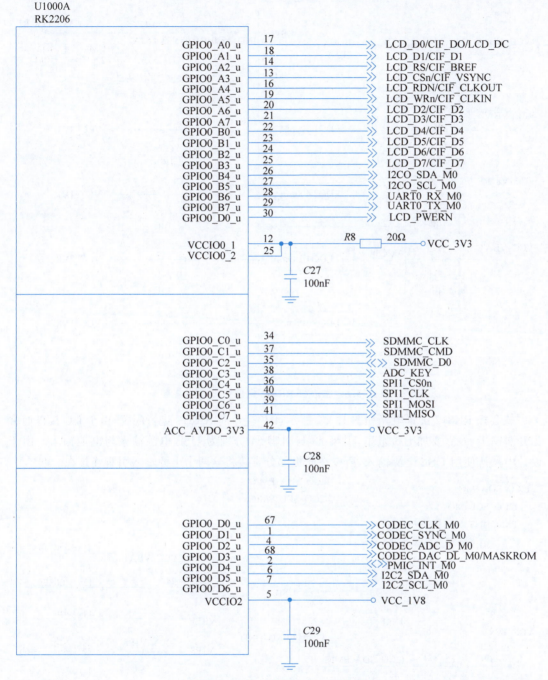

图 1.3.5　核心板用户 I/O 口电路

图 1.3.6 为核心板 RK812 电源输出部分电路，电源输出通道 1 为具有快速负载响应的 DC-DC 转换器，具有最大 1.5A 的输出能力；通道 2 为 LDO 输出，具有最大 600mA 的输出能力；通道 3 为 LDO 输出，具有最大 400mA 的输出能力；通道 4 与通道 5 为具有低噪声、高电源抑制比的低压差线性稳压输出，具有最大 100mA 的输出能力。

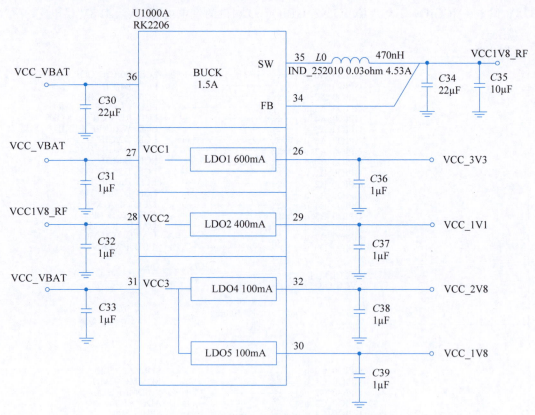

图 1.3.6　核心板 RK812 电源输出部分电路

核心板 RK812 配置电路如图 1.3.7 所示，I^2C 接口对 RK812 进行配置，由于 I^2C 接口通常为开漏输出，故需要加上拉电阻，引脚 23 与引脚 24 分别为 USB 电源输入与电池输入。由于设计中默认使用 USB 电源输入，所以在底板部分直接将这两个电源输入引脚连接在一起。

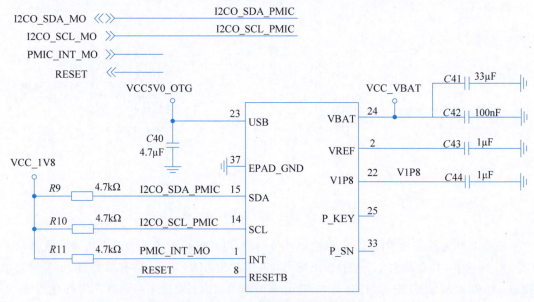

图 1.3.7　核心板 RK812 配置电路

核心板麦克风输入电路如图1.3.8所示,开发板上的麦克风输入接口与ADC_IN相连接,RK812负责采集模拟音频的信号采集并进行编码,通过Codec接口传输给RK2206进行处理,RK812支持三通道的麦克风输入,AB类、D类功放输出,底板设计仅引出了两通道的麦克风输入接口。

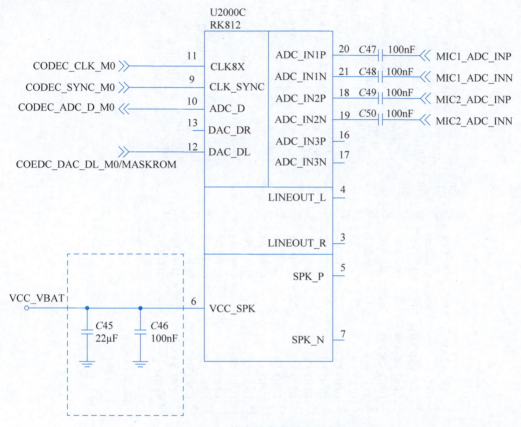

图1.3.8　核心板麦克风输入电路

核心板对外接口电路如图1.3.9所示。该接口涵盖了核心板所有对外连接电气信号,提供了两个5V电源输入端口,两个GND端口,1个3.3V端口;A、B和C端口I/O全部引出,D端口I/O仅引出了D3、D5和D6,还引出了一个比较特殊的GPIO1_D0;另外,该接口还引出了RK812上两个通道的麦克风接口。底板就是围绕上述端口进行全方位的功能规划开发。

1.3.2　小凌派-RK2206底板硬件设计

小凌派底板集成了电源电路、USB接口、USB转串口接口、NFC TAG电路、按键电路与E53接口等,下面对整板硬件进行简单的介绍。

1. 电源转换电路设计

图1.3.10为5V电源转3.3V电路,5V为USB电源接口输入。开关电源芯片采用NCP1529,芯片最大电流输出能力达1A,采用同步整流技术,使得转换效率最高达96%;同时具有PWM/PFM模式自动切换技术,在空载的状态下静态电流只有28μA。该芯片还具有过流保护、过热保护、软启动、使能关断等功能,内置1.7MHz的晶体振荡器,可以使用小

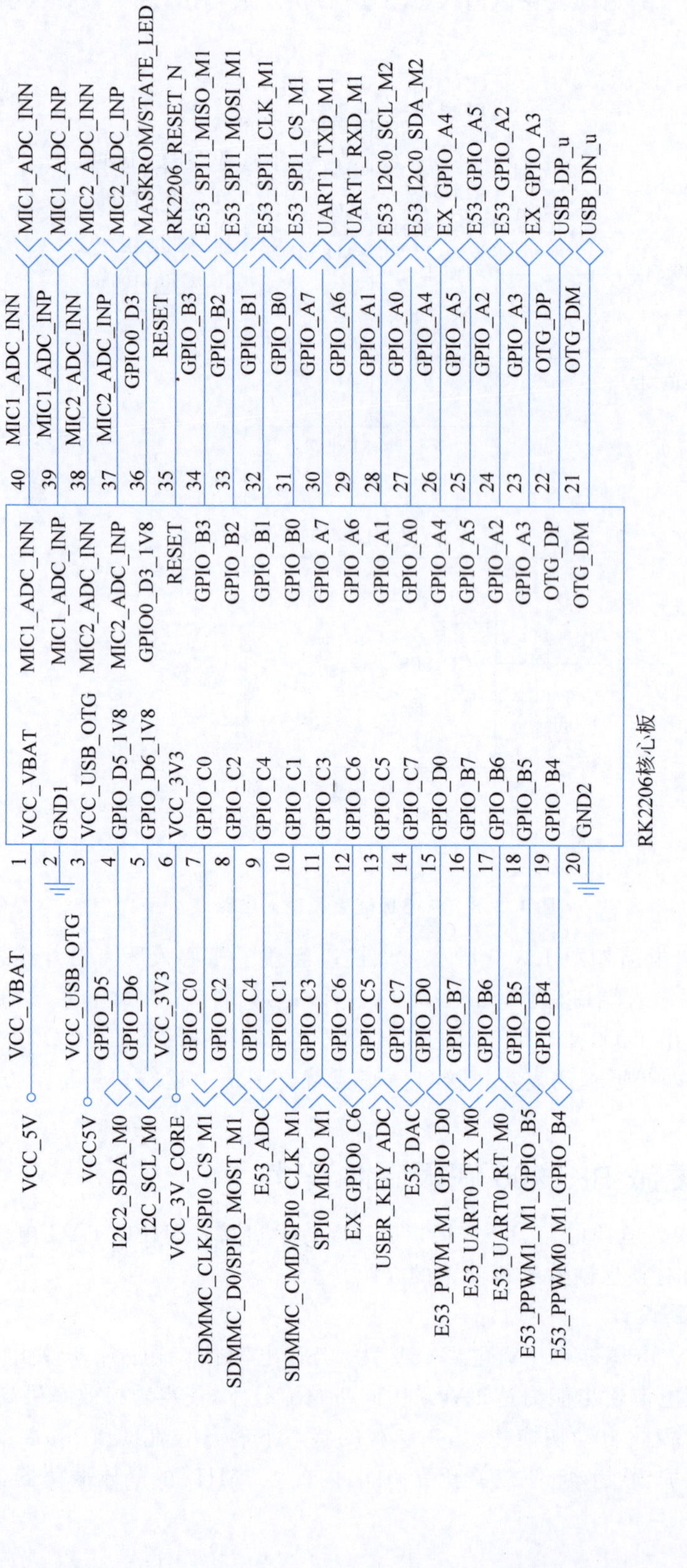

图 1.3.9 核心板对外接口电路

型外部电容电感。由于采用同步整流技术,内部使用导通电阻极低的专用功率 MOSFET 来取代外接的整流二极管。通过改变 $R1$ 和 $R2$ 的电阻值,可使输出电压在 $0.9\sim3.9\mathrm{V}$ 范围内可调,输出电压公式如下:

$$V_{\mathrm{OUT}} = 0.6 \times \left(1 + \frac{R_{13}}{R_{14}}\right)$$

核心板 LDO 也有 3.3V 输出,但是考虑到电源裕量问题,最好另外增加 1 路 3.3V 输出电路提供外设使用。

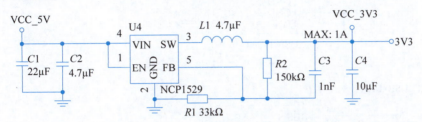

图 1.3.10　5V 电源转 3.3V 电路

图 1.3.11 为 3.3V 电源转 1.8V 电路,电源芯片选择 ADP150_1.8V。ADP150 是一款超低噪声($9\mu\mathrm{V}$)、低压差线性调节器,采用 $2.2\sim5.5\mathrm{V}$ 电源供电,最大输出电流为 150mA。驱动 150mA 负载时压差仅为 105mV,这种低压差特性不仅可提高效率,而且能使器件在很宽的输入电压范围内工作。

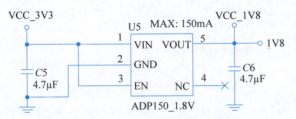

图 1.3.11　3.3V 电源转 1.8V 电路

2. USB 接口电路设计

图 1.3.12 为 USB 接口电路,VCC_USB 为外部的电源输入,可为整个开发板供电。众所周知,USB Type-C 接口支持正插或者反插,这是因为 USB 信号 DP 与 DN 同时连接到 DP1、DN1 与 DP2、DN2。Type-C 连接器中两个引脚 CC1 和 CC2,它们用于识别连接器的插入方向,以及不同的插入设备,由于使用设备端的形式,所以通过 $4.7\mathrm{k}\Omega$ 电阻下拉到地。SBU 线则在 DP 功能启动的同时负责传输设备的 DPCD、EDID 等关键信息,这边同样未使用到该功能,默认不连接。USB Type-C 详细信息开发者可自行查阅相关标准资料学习,这里不展开说明。

3. USB 转串口电路设计

图 1.3.13 为 USB 转串口电路,VCC_USB_UART 为外部的电源输入,可为整个开发板供电;一般来说,现在的计算机或者较高端的设备都不带串口接口,但由于串口应用编程简单,所以在低速系统中大家还是喜欢使用串口进行通信。为了兼顾以上需求,开发板设计了一个 USB 转串口电路。

USB 转换串口采用 CH340E 芯片。芯片内置了 USB 上拉电阻,D+ 和 D− 引脚可以直

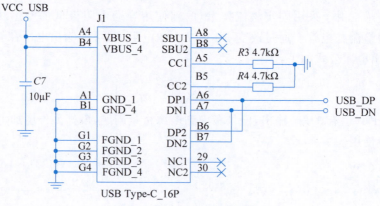

图 1.3.12 USB 接口电路

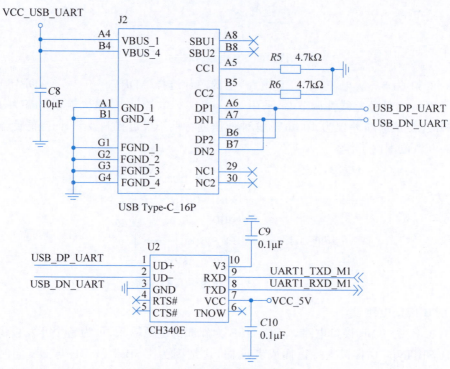

图 1.3.13 USB 转串口电路

接连接到 USB 总线上。一般情况下,时钟信号由 CH340 内置的反相器通过晶体稳频振荡产生,外围电路只需要在 XI 和 XO 引脚之间连接一个 12MHz 的晶体,并且分别为 XI 和 XO 引脚对地连接振荡电容。但是,芯片后缀 E 版本的,芯片已经内置 12MHz 晶振,因此电路中的晶振无须连接。USB 端口使用 USB Type-C 接口,提供芯片和计算机间的通信接口。

4. NFC 电路设计

图 1.3.14 为 NFC TAG 电路,NFC TAG 选择 NXP 的 NT3H1201W0FHK,其内置了 2KB 的 EEPROM,64KB 的 SRAM、1 个 RF 接口、数字控制单元(DCU)、电源管理单元 (PMU)与 1 个 I^2C 接口,能量和数据可以仅通过几匝线圈组成的天线传输,当主设备靠近时,其还可通过线圈收集主设备天线发出的能量并转成电压,通过 VOUT 输出驱动 LED 灯点亮,这也可以作为 NFC 设备连接成功的指示灯。

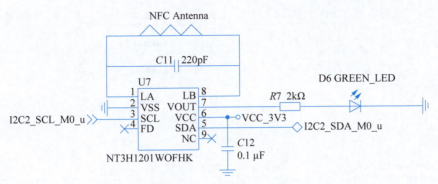

图 1.3.14　NFC TAG 电路

图 1.3.15 为 I^2C 电平转换电路，由于核心板输出的该组 I^2C 接口电平为 1.8V，但 NFC 使用 3.3V 供电，故需要一个完成电平转换的电路。电平转换芯片选择 TXS0102DCU，其为双向电压电平转换器，不需要方向控制信号，最大速率可达 24Mbps，能够在 1.8V、2.5V、3.3V 和 5V 电压节点之间任意进行双向转换，OE 引脚为使能引脚，固定拉高表示默认使能。由于 I^2C 的开漏结构，因此输入输出接口均通过 $2k\Omega$ 的电阻分别上拉到 1.8V 与 3.3V。

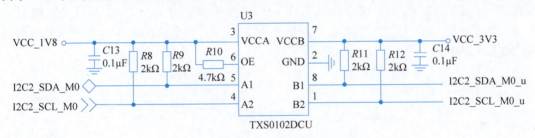

图 1.3.15　I^2C 电平转换电路

5. 按键电路设计

硬件按键复位电路如图 1.3.16 所示，当按键按下时，系统进入复位状态，其中 $C15$ 为按键去抖电容。

烧录按键（MASKROM）电路如图 1.3.17 所示，准备烧录时，在开发板未供电时（即 USB 线未插入的状态）优先按下该按键，然后再往 USB 接口插上 USB 线（需插到 USB OTG 口，一定不能插到 USB 转串接口），即可进入烧录状态。

图 1.3.16　硬件按键复位电路　　　　图 1.3.17　烧录按键电路

用户按键电路如图 1.3.18 所示。由于芯片 I/O 口资源相对紧张，所以使用芯片自带的 ADC 进行按键扩展，每个按键键值通过电阻分压得到，因此可扩展多个按键，方便开发者灵活使用。当 K1 按键按下时，$R17$ 与 $R18$ 对 3.3V 进行分压得到 10mV，同理，K2 按键按下时为 0.55V，K3 按键按下时为 1V，K4 按键按下时为 1.65V。注意，按键只支持 1 个按键按下，不支持多个按键同时按下。

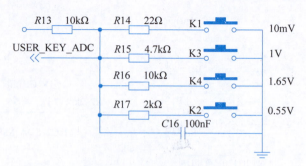

图 1.3.18 用户按键电路

6. 用户指示灯电路设计

图 1.3.19 所示为用户指示灯电路,该控制引脚与烧录按键共用一个 I/O 口。当烧录完成后,该 I/O 可复用为用户 I/O,用来控制用户指示灯状态。由于正常 LED 的导通电压为 2.2~2.5V,而 MASKROM/STATE_LED 控制信号电平为 1.8V,通过其控制是无法直接驱动 LED 灯点亮的,因此增加了一个三极管进行驱动。仔细分析,可以发现不论控制信号为高电平还是低电平,三极管都是导通的。PNP 三极管处于导通且饱和状态时,BE 间的电压为 -0.7V,CE 间的电压理论接近于 0V,故当控制信号为 0V 时,发射极的电压为 0.7V,是无法驱动 LED 点亮的;当控制信号为 1.8V 时,发射极的电压为 2.5V,此时可以驱动 LED 灯亮。

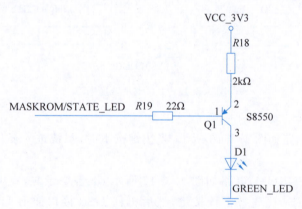

图 1.3.19 用户指示灯电路

7. 接口电路设计

图 1.3.20 为 E53 接口电路,该接口包含了 1 组 SPI、1 组 UART、1 组 I^2C、1 个单通道的 ADC、5 个 GPIO(包含三通道的 PWM),该接口便于兼容各类传感器模块以及 IoT 应用。

扩展接口电路如图 1.3.21 所示,考虑到部分开发者可能用不到 E53 模块,因此另外设计了扩展接口。扩展接口在 E53 接口信号的基础上增加了 EX_GPIO_A4 与 EX_GPIO_A3 引脚,并且在两个扩展接口的一边均增加了 5V 的电源端口,扩大了接口使用的灵活性。注意,扩展接口不得与 E53 接口同时使用,只能二选一。

图 1.3.22 为显示/SD 卡接口电路,该接口电路可接 SD 卡模块或者 TFT LCD 模块或者 OLED 模块,且只能三选一。TFT LCD 模块使用 SPI 接口(支持最大分辨率 480×320),OLED 模块使用 I^2C 接口,SD 卡使用 SDMMC 接口。

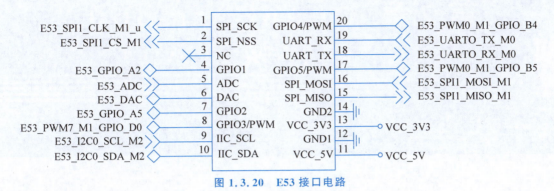

图 1.3.20　E53 接口电路

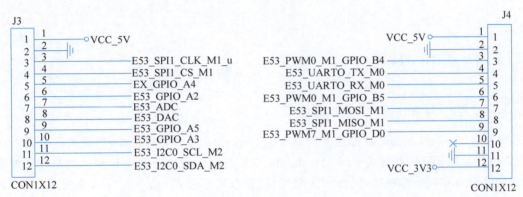

图 1.3.21　扩展接口电路

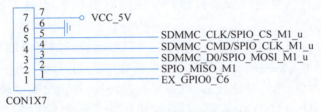

图 1.3.22　显示/SD 卡接口电路

1.4　思考和练习

（1）小凌派-RK2206 开发板的主要特性是什么？

（2）小凌派-RK2206 开发板由哪些主要硬件组成？

（3）RK2206 芯片主要应用于哪些领域？至少列举三种，并说明。

（4）小凌派-RK2206 开发板支持哪些接口与外设设备进行通信？至少列举三种，并说明。

（5）小凌派-RK2206 开发板上的 GPIO 引脚有哪些主要用途？至少列举三种，并说明。

（6）设计一个基于小凌派-RK2206 开发板的硬件电路，通过 GPIO 口控制实现 LED 灯的亮灭。

（7）设计一个基于小凌派-RK2206 开发板的硬件电路，实现通过 ADC 检测实现四个按键的输入检测。

（8）设计一个基于小凌派-RK2206 开发板的硬件电路，实现温度监测系统，要求能够实时采集温度数据并通过串口输出。

第 2 章 OpenHarmony 软件快速入门

2.1 OpenHarmony 简介

2.1.1 OpenHarmony 是什么

OpenHarmony 是由开放原子开源基金会(OpenAtom Foundation)孵化及运营的开源项目,由开放原子开源基金会 OpenHarmony 项目群工作委员会负责运作。由全球开发者共建的开源分布式操作系统,具备面向全场景、分布式等特点,是一款"全(全领域)、新(新一代)、开(开源)、放(开放)"的操作系统。OpenHarmony 的目标是面向全场景、全连接、全智能时代,搭建一个智能终端设备操作系统的框架和平台,促进万物互联产业的繁荣发展。

OpenHarmony 采用了组件化的设计方案,可以根据设备的资源能力和业务特征进行灵活裁剪,满足不同形态的终端设备对于操作系统的要求,可广泛应用在智能家居物联网终端、智能穿戴、智慧大屏、汽车智能座舱、音箱等智能终端,提供全场景跨设备的极致体验。对应用开发者而言,OpenHarmony 统一软件架构打通了多种终端,不同终端设备的形态差异与应用程序的开发实现无关,降低了开发难度和成本。这能够让开发者聚焦上层业务逻辑,便捷地开发应用程序。

2.1.2 OpenHarmony 技术特点

OpenHarmony 最大的特征就是将分布式架构应用于终端 OS,使用户可以方便地实现同一账户跨设备、跨终端的调用。其分布式架构包括分布式任务调度、分布式数据管理、硬件能力虚拟化、分布式软总线。尤其是创新性的分布式软总线技术,更是使 OpenHarmony 系统的端到端时延小于 20ms,有效吞吐高达 1.2Gbps,抗丢包率高达 25%。OpenHarmony 的核心技术特性具体表现为以下方面。

1. 分布式软总线使硬件互助、资源共享

分布式软总线是多种终端设备的统一基座,为设备之间的互联互通提供了统一的分布式通信能力,能够快速发现并连接设备,高效地分发任务和传输数据,如图 2.1.1 所示。

2. 分布式设备虚拟化打造超级虚拟终端

分布式设备虚拟化平台可以实现不同设备的资源融合、设备管理、数据处理,多种设备共

图 2.1.1 分布式软总线

同形成一个超级虚拟终端。针对不同类型的任务，为用户匹配并选择能力合适的执行硬件，让业务连续地在不同设备间流转，充分发挥不同设备的资源优势。

3. 分布式数据管理为用户数据实时共享保驾护航

分布式数据管理基于分布式软总线的能力，实现应用程序数据和用户数据的分布式管理。用户数据不再与单一物理设备绑定，业务逻辑与数据存储分离，应用跨设备运行时数据无缝衔接，为打造一致、流畅的用户体验创造了基础条件。

4. 分布式任务调度让"千里"传音成为可能

分布式任务调度基于分布式软总线、分布式数据管理、分布式 Profile 等技术特性，构建统一的分布式服务管理（发现、同步、注册、调用）机制，支持对跨设备的应用进行远程启动、远程调用、远程连接以及迁移等操作，能够根据不同设备的能力、位置、业务运行状态、资源使用情况，以及用户的习惯和意图，选择合适的设备运行分布式任务。

5. 一次开发、多端部署，实现跨终端生态共享

OpenHarmony 提供了用户程序框架、Ability 框架以及 UI 框架，支持应用开发过程中多终端的业务逻辑和界面逻辑进行复用，能够实现应用的一次开发、多端部署，提升了跨设备应用的开发效率。

6. 统一 OS、弹性部署，满足开发者所需

OpenHarmony 通过组件化和小型化等设计方法，支持多种终端设备按需弹性部署，能够适配不同类别的硬件资源和功能需求。支持通过编译链关系去自动生成组件化的依赖关系，形成组件树依赖图，支撑产品系统的便捷开发，降低硬件设备的开发门槛。

7. 基于微内核架构重塑终端设备可信安全

OpenHarmony 采用全新的微内核设计，拥有更强的安全特性和低时延等特点。微内核设计的基本思想是简化内核功能，在内核之外的用户态尽可能多地实现系统服务，同时加入相互之间的安全保护。微内核只提供最基础的服务，比如多进程调度和多进程通信等。

2.2 OpenHarmony Linux Docker 编译环境搭建

视频讲解

2.2.1 开发环境简介

OpenHarmony 开发需要在 Linux 环境下编译代码，但是大部分人使用 Windows 系统作为工作平台，所以建议大家使用 VirtualBox 或其他虚拟机软件搭建 Linux 操作系统。

2.2.2 安装虚拟机

下面以 VirtualBox 为例说明虚拟机的安装过程。VirtualBox 是一款开源虚拟机软件，由 Sun Microsystems 公司出品，使用 Qt 编写。VirtualBox 不仅具有丰富的特色，而且性能优异。VirtualBox 简单易用，可虚拟的系统包括 Windows、macOS、Linux、OpenBSD、Solaris、IBM OS2，甚至 Android 等操作系统。

VirtualBox 软件可到官网下载。

(1) 单击 VirtualBox 安装包，单击"下一步"按钮，如图 2.2.1 所示。

(2) 配置安装目录，单击"下一步"按钮，如图 2.2.2 所示。

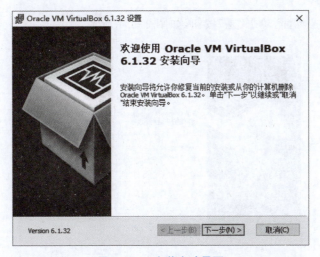

图 2.2.1　安装启动界面

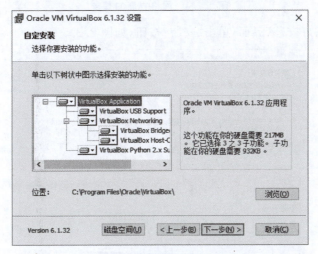

图 2.2.2　选择需要安装的功能

（3）设置相关选项后，单击"下一步"按钮，如图 2.2.3 所示。

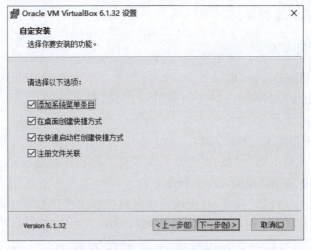

图 2.2.3　选择安装功能选项

（4）进入"警告"界面，单击"是"按钮，如图2.2.4所示。

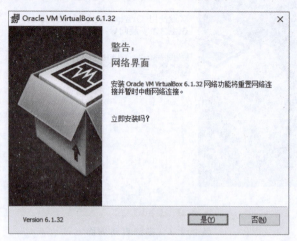

图 2.2.4 网络界面的警告

（5）进入"准备好安装"界面，单击"安装"按钮，如图2.2.5所示。

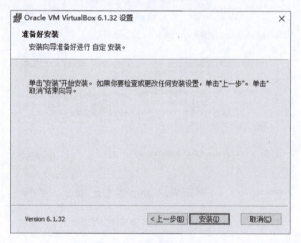

图 2.2.5 单击"安装"按钮

VirtualBox 正式开始安装。

2.2.3 安装 Linux

建议大家采用 Ubuntu Desktop 20.04 LTS 版本。下面介绍启动 VirtualBox 的步骤。

（1）单击桌面上的 Oracle VM VirtualBox 图标，打开 VirtualBox 软件，如图 2.2.6 所示。

（2）在图 2.2.7 中单击"新建"按钮。

（3）进入"新建虚拟电脑"界面，首先输入虚拟机名称和存放路径，其次输入虚拟机内存大小，最后单击"创建"按钮，如图 2.2.8 所示。

（4）进入"创建虚拟硬盘"界面，首先输入虚拟机磁盘文件存放地址，其次输入虚拟机磁盘文件大小（建议 1024GB），最后单击"创建"按钮，如图 2.2.9 所示。

（5）选中 ubuntu20，如图 2.2.10 所示，单击"设置"按钮。

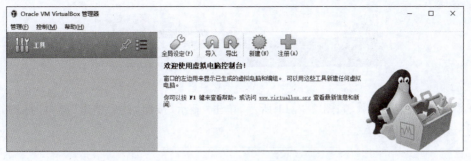

图 2.2.6　VirtualBox 主界面

图 2.2.7　新建虚拟机

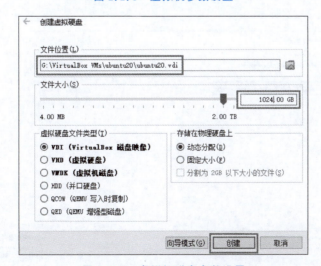

图 2.2.8　虚拟机参数设置

图 2.2.9　虚拟机磁盘参数设置

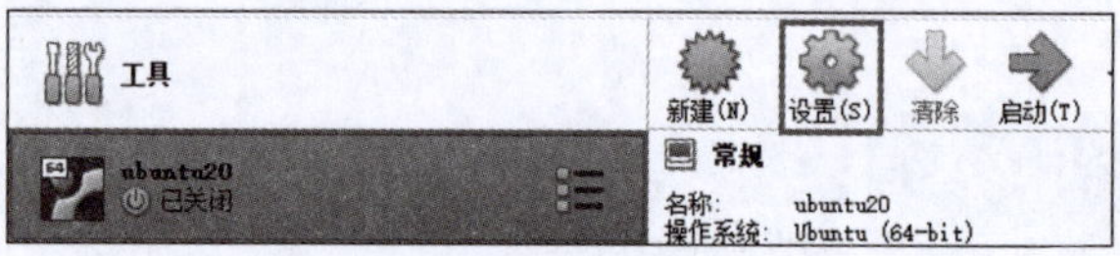

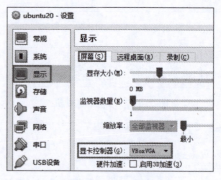

图 2.2.10　虚拟机设置

(6) 在"设置"界面中,如图 2.2.11 所示,单击"显示"按钮,然后单击"屏幕"标签,"显卡控制器"选择 VBoxVGA。

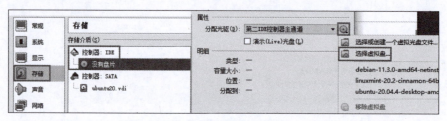

图 2.2.11　显示器设置

(7) 单击"存储"按钮,然后单击"没有盘片"选项,再单击光盘图标,最后选择"选择虚拟盘",如图 2.2.12 所示。

图 2.2.12　选择虚拟盘

(8) 弹出"请选择一个虚拟光盘文件"界面,选中下载好的 Ubuntu 光盘镜像文件,单击"打开"按钮,如图 2.2.13 所示。

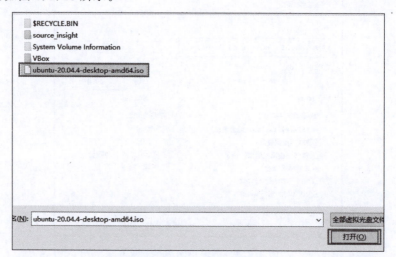

图 2.2.13　安装虚拟盘

（9）单击"网络"按钮，然后单击"网卡1"标签，选择"启用网络连接"复选框，将"连接方式"设置为"桥接网卡"，"界面名称"根据读者可以连接外部网络的网卡设置，最后单击 OK 按钮，如图 2.2.14 所示。

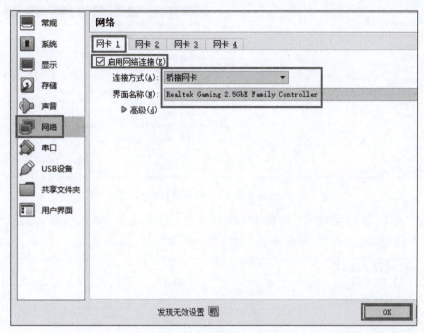

图 2.2.14　设置网络

（10）单击"启动"按钮启动虚拟机，如图 2.2.15 所示。

（11）虚拟机启动后，出现 Ubuntu 安装界面，单击"中文（简体）"选项，然后单击"安装 Ubuntu"按钮，如图 2.2.16 所示。

图 2.2.15　启动虚拟机

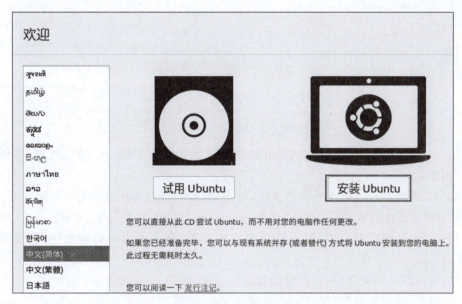

图 2.2.16　安装 Ubuntu

(12) 在键盘布局界面中,先选择左边列表框中的 Chinese 选项,再选择右边列表框中的 Chinese 选项,如图 2.2.17 所示,最后单击"继续"按钮。

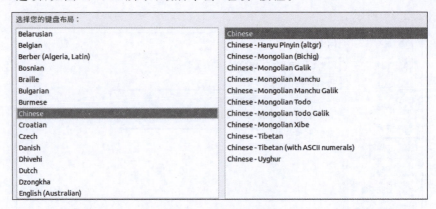

图 2.2.17 语言选择

(13) 在"更新和其他软件"界面中,首先选中"正常安装"单选按钮,然后选中"安装 Ubuntu 时下载更新"复选框,最后单击"继续"按钮,如图 2.2.18 所示。

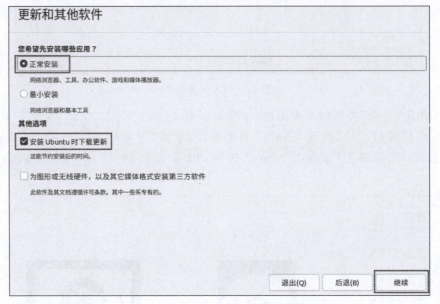

图 2.2.18 安装可选项

(14) 在"安装类型"界面中,选中"清除整个磁盘并安装 Ubuntu"单选按钮,再单击"现在安装"按钮,如图 2.2.19 所示。

(15) 在"将改动写入磁盘吗?"界面中,单击"继续"按钮,如图 2.2.20 所示。

(16) 在"您在什么地方?"界面中,选中"Shanghai",单击"继续"按钮,如图 2.2.21 所示。

(17) 在"您是谁?"界面中,输入姓名和计算机名,再输入用户名和密码,最后单击"继续"按钮,如图 2.2.22 所示。

(18) 开始进入安装过程,该步骤需要十几分钟,如图 2.2.23 所示。

(19) 单击"现在重启"按钮,Ubuntu 安装完成,如图 2.2.24 所示。

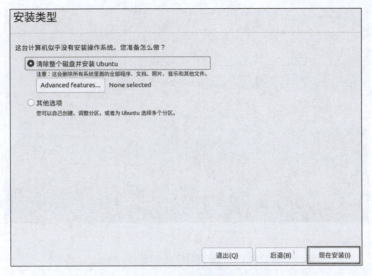

图 2.2.19　安装类型

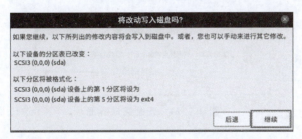

图 2.2.20　"将改动写入磁盘吗?"界面

图 2.2.21　选择地区

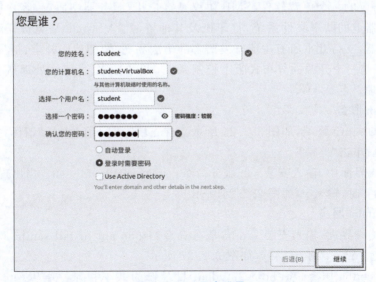

图 2.2.22　用户登录

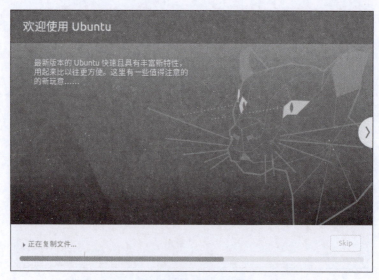

图 2.2.23　安装过程

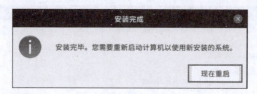

图 2.2.24　安装完成界面

2.2.4　安装开发依赖服务和工具

OpenHarmony 软件开发时,需要安装常用的一些服务,如 ssh、samba 等。ssh 是建立在应用层基础上的安全协议,专为远程登录会话和其他网络服务提供安全性,可有效防止远程管理过程中的信息泄露问题。samba 是 Linux 系统上实现 SMB(Server Message Block,信息服务块)协议的一个免费软件,SMB 协议是客户机/服务器型协议,客户机通过该协议可以访问服务器上的共享文件系统、打印机及其他资源。VSCode 是免费开源的现代化轻量级代码编辑器,支持几乎所有主流开发语言的语法高亮、智能代码补全、括号匹配、代码片段等特性。git 是一个开源的分布式版本控制系统,可以有效、高速地处理从很小到非常大的项目版本管理。

1. 安装 ssh 服务

(1) 打开 Ubuntu 终端,如图 2.2.25 所示。首先单击左下角"开始"图标,接着在搜索栏中输入 ter,最后单击"终端"。

(2) 在终端界面中,输入安装 ssh 服务命令:sudo apt install ssh。当出现"您希望继续执行吗? [Y/n]"时,输入 y,如图 2.2.26 所示。

2. 安装 samba 服务

(1) 打开终端界面,输入安装 samba 服务命令:sudo apt install samba。当出现"您希望继续执行吗? [Y/n]"时,输入 y,如图 2.2.27 所示。

(2) 配置 samba 服务,将/home/student 目录作为共享目录。编辑/etc/samba/smb.conf 文件,输入命令:sudo gedit /etc/samba/smb.conf。具体配置如下:

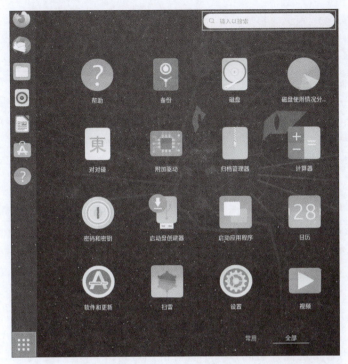

图 2.2.25　安装 ssh 服务

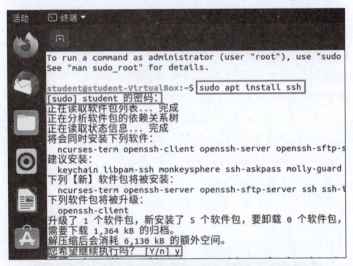

图 2.2.26　安装 ssh 服务命令

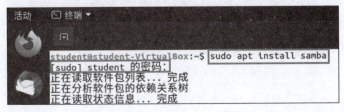

图 2.2.27　安装 samba 服务

```
[student]
    comment = this is student directory
    path = /home/student
    admin users = student,@root
    valid users = student,@root
    invalid users =
    available = yes
    browseable = yes
    writable = yes
    write list = student,@root
    public = no
    directory mask = 0775
    create mask = 0755
```

其中,上述各配置项的含义如下。

[student]表示共享目录名;

comment用来对该共享目录的描述,可以是任意字符串;

path用来指定共享目录路径;

admin users用来指定该共享的管理员(对该共享具有完全控制权限,多个用户中间用逗号隔开,@表示用户组);

valid users用来指定允许访问该共享资源的用户;

invalid users用来指定不允许访问该共享资源的用户;

available用来指定该共享资源是否可使用;

browseable用来指定该共享路径的目录是否可以浏览;

writable用来指定该共享路径是否可写;

write list用来指定可以在该共享下写入文件的用户;

public用来指定该共享是否允许guest账户访问,建议为no;

directory mask用来指定默认创建目录权限;

create mask用来指定默认创建文件权限。

(3) 配置samba服务的账号和密码。

配置samba服务账号和密码的命令为

```
sudo smbpasswd -a student
```

输入2次密码即可,如图2.2.28所示。

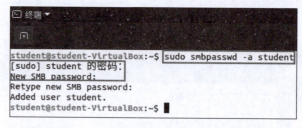

图2.2.28 配置samba服务的账号和密码

(4) 重启samba服务。

重启samba服务的命令为sudo /etc/init.d/smbd restart,如图2.2.29所示。

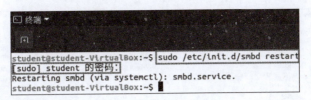

图 2.2.29 重启 samba 服务

(5) 在 Windows 中登录 Ubuntu 的 samba 共享目录。

查看 Ubuntu 操作系统的 IP 地址,输入命令:ip add show,如图 2.2.30 所示。

可看到 Ubuntu 操作系统的 IP 地址为 192.168.1.166。

在 Windows 操作系统中打开文件管理器,在路径栏输入:192.168.1.166,如图 2.2.31 所示。

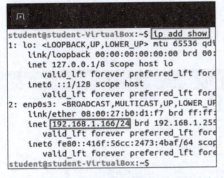

图 2.2.30 查看 Ubuntu 操作系统的 IP 地址

图 2.2.31 在 Windows 操作系统中输入地址

单击 student 文件夹,弹出"输入网络凭据"对话框,首先输入 samba 服务的用户名和密码,然后选中"记住我的凭据"复选框,再单击"确定"按钮,如图 2.2.32 和图 2.2.33 所示。

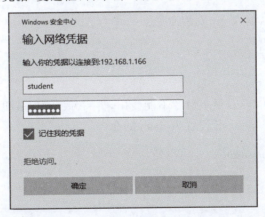

图 2.2.32 "输入网络凭据"对话框

3. 安装 VSCode 编辑器

(1) 下载 VSCode 安装包。可以到 VSCode 官网下载适用于 Ubuntu 的 deb 安装包。具体下载界面如图 2.2.34 所示。

(2) 将 deb 安装包复制到 samba 共享目录,然后输入安装 deb 命令:sudo dpkg -i code_1.66.1-1649257842_amd64.deb,如图 2.2.35 所示。

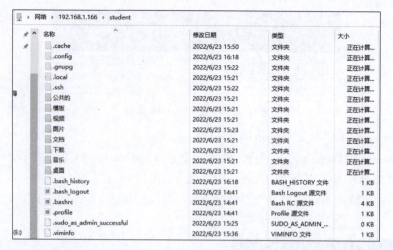

图 2.2.33 student 文件夹

图 2.2.34 下载 VSCode 安装包

图 2.2.35 安装 VSCode 编辑器

4. 安装 git 工具

打开 Ubuntu 终端，输入 git 安装命令：

```
sudo apt-get install git
```

5. 将 sh 设置为 dash

Ubuntu 默认 sh 为 dash，很多命令不能使用，将 sh 改为 dash 更便于开发使用。

打开 Ubuntu 终端，输入 sh 设置为 dash 的命令：

```
sudo dpkg-reconfigure dash
```

具体配置如图 2.2.36 所示。

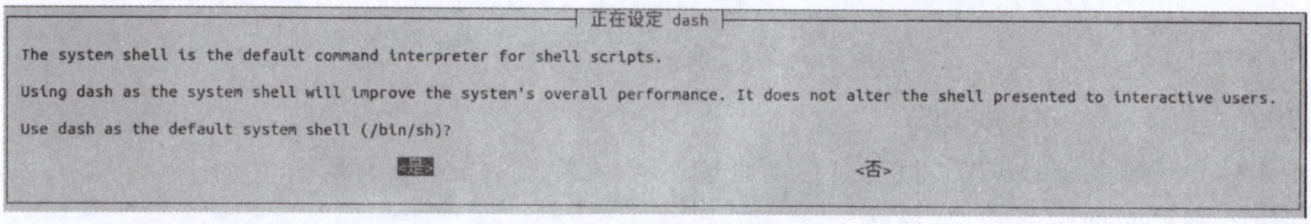

图 2.2.36 将 sh 设置为 dash

检查 sh 是否为 dash，输入命令：

```
ls -l /usr/bin/sh
```

2.2.5　安装 Docker 工具

1. 安装 Docker 工具包

安装前需要先更新 Ubuntu 操作系统软件，安装数据源列表，获取最新的软件数据源，否则部分软件可能无法安装。在终端输入更新命令：

```
sudo apt-get update
sudo apt-get upgrade
```

安装 Docker 工具。Docker 是一个开源的容器化技术平台，主要用于开发、交付和运行应用程序。Docker 通过将应用程序及其依赖项打包到一个轻量级的、可移植的容器中，实现了应用程序的快速部署和高效管理。在终端输入安装命令：

```
sudo apt install docker.io
```

安装结果如图 2.2.37 所示。

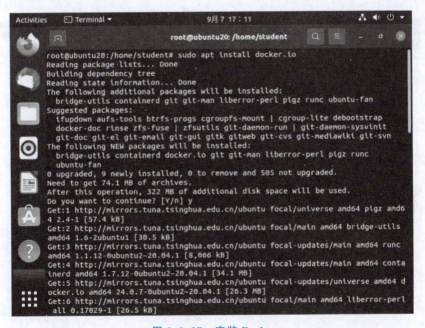

图 2.2.37　安装 Docker

2. 安装 openharmony-docker 镜像

安装 openharmony-docker 镜像，这里就是安装华为提供的 OpenHarmony 轻量级操作系统编译环境。

```
sudo docker pull
swr.cn-south-1.myhuaweicloud.com/openharmony-docker/docker_oh_mini:3.2
```

安装 openharmony-docker 镜像结果如图 2.2.38 所示。

图 2.2.38 安装 openharmony-docker 镜像

2.2.6 源代码下载

在 Ubuntu 操作系统下,使用 git 命令下载基于 RK2206 芯片的 OpenHarmony 3.0 源代码,命令如下:

```
git clone https://gitee.com/Lockzhiner-Electronics/lockzhiner-rk2206-openharmony3.0lts.git
```

源代码下载结果如图 2.2.39 所示。

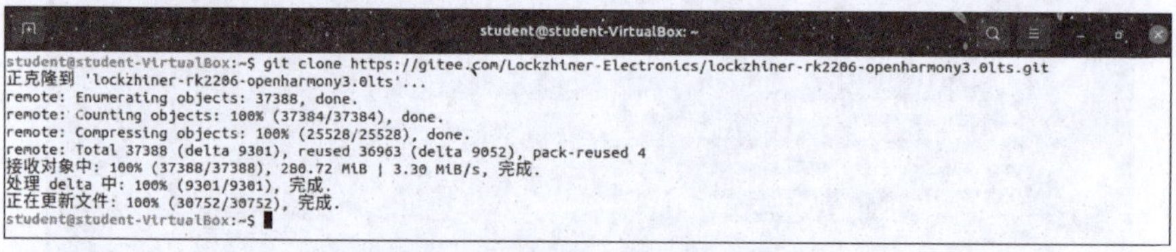

图 2.2.39 源代码下载结果

2.2.7 Docker 编译

1. 开启容器

(1) 打开 Ubuntu 终端,输入如下开启容器命令:

```
sudo docker run -it -v /home/student/lockzhiner-rk2206-openharmony3.0lts:/home/openharmony swr.cn-south-1.myhuaweicloud.com/openharmony-docker/docker_oh_mini:3.2
```

上述命令中"/home/student/lockzhiner-rk2206-openharmony3.0"为源代码路径。
开启容器运行结果如图 2.2.40 所示。

图 2.2.40 开启容器

(2) 安装相关编译工具,输入如下安装命令:

```
cd /home/openharmony/
./build/prebuilts_download.sh
pip3 install build/lite
```

编译工具安装成功,如图 2.2.41 所示。

图 2.2.41 编译工具安装成功

(3) 编译 OpenHarmony 源代码,执行如下命令:

```
hb set - root .
hb set
#用方向键选择 lockzhiner-rk2206
lockzhiner
lockzhiner-rk2206
hb build - f
```

执行编译命令如图 2.2.42 所示。

编译成功的结果如图 2.2.43 所示。

编译成功后,镜像文件在源代码/out/rk2206/lockzhiner-rk2206/images 目录下。

2. 关闭容器

在正在运行的容器中,关闭容器,输入如下命令:

```
exit
```

3. 重启容器

打开 Ubuntu 终端,重启容器,输入如下命令:

图 2.2.42　执行编译命令

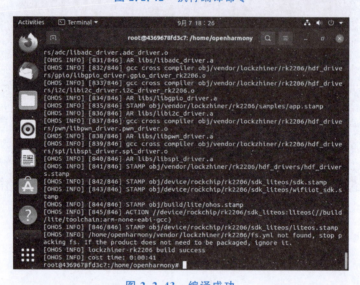

图 2.2.43　编译成功

```
♯列出所有容器
docker container ls -- all
♯根据列出的容器,选择需要重启的容器 ID
docker container start [containerID]
♯连接进入容器中
docker container attach [containerID]
```

4. 删除容器

打开 Ubuntu 终端,删除容器,输入如下命令:

```
♯列出所有容器
docker container ls -- all
♯根据列出的容器,选择需要删除的容器 ID
docker container rm [containerID]
```

2.2.8 烧写程序

1. 烧写驱动安装

烧写驱动在 SDK 路径下：

device/rockchip/tools/windows/DriverAssitant/DriverInstall.exe

Windows 下通过资源管理器访问 samba 共享文件夹，打开驱动文件路径。双击 DriverInstall.exe 运行，然后单击"驱动安装"按钮，如图 2.2.44 所示。

驱动安装成功后单击"确定"按钮，就完成了驱动安装，如图 2.2.45 所示。

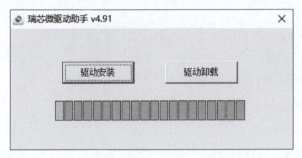
图 2.2.44　驱动安装

图 2.2.45　安装成功

2. 烧写固件

1）连接开发板

USB 线一端连接计算机，另一端通过 Type-C 接口的 USB 线与小凌派开发板烧写端口连接，如图 2.2.46 所示。

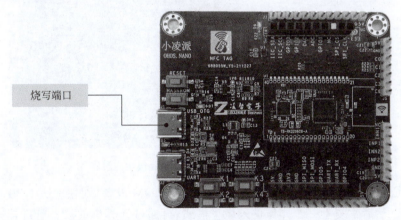
图 2.2.46　烧写端口

2）打开烧写软件

烧写软件存放于 SDK 目录的以下路径：

device/rockchip/tools/windows/RKDevTool.exe

Windows 下通过资源管理器访问 samba 共享文件夹，打开烧写软件路径，双击 RKDevTool.exe 运行。烧写工具界面如图 2.2.47 所示。

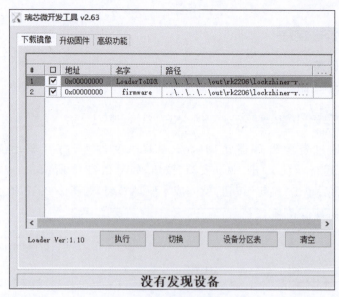

图 2.2.47　烧写工具界面(一)

3) 开发板进入烧写模式

首先按住 MASKROM 按键不放,再按一下 RESET 按键让开发板进入烧写模式。当开发板进入烧写模式后,烧写软件会提示"发现一个 MASKROM 设备",最后释放 MASKROM 按键,如图 2.2.48 和图 2.2.49 所示。

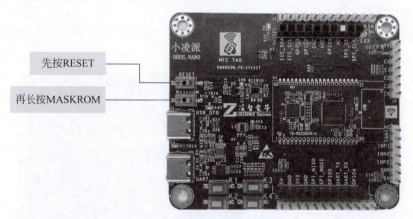

图 2.2.48　进入烧写模式操作

如果完成以上操作后烧写工具无法发现 MASKROM 设备,则先确认 USB 线是否连接正常无松动。然后重复上一步操作进入烧写模式,再通过计算机的设备管理器查看是否能找到 Rockusb Device,首先在桌面右击"此电脑"图标,选择"属性"命令,如图 2.2.50 所示。

然后在弹出的窗口右侧找到设备管理器,如图 2.2.51 所示(不同系统步骤会不一致,以使用的系统为准)。

如果能发现 Class for rockusb devices 设备,则代表驱动安装正常,如图 2.2.52 所示。

如果不能找到 Class for rockusb devices 设备,则查看设备管理器中是否有未知设备,如图 2.2.53 所示。如果出现未知设备,则是驱动没有正常安装,重复前面驱动安装步骤安装驱动。

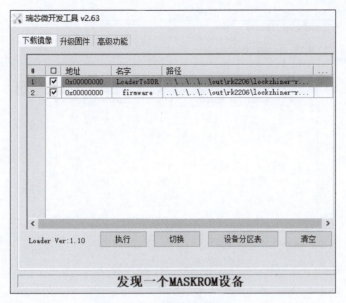

图 2.2.49 烧写工具界面(二)

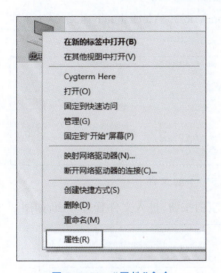

图 2.2.50 "属性"命令

图 2.2.51 设备管理器

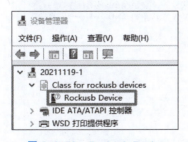

图 2.2.52 Rockusb Device

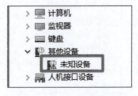

图 2.2.53 未知设备

4）选择烧写固件

要查找 boot 文件,可单击第一行最后一列的空白按钮,进入文件管理界面,如图 2.2.54 所示。

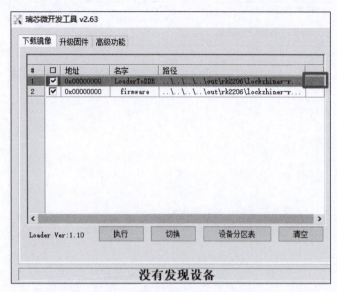

图 2.2.54　查找 boot 文件

选中 boot 文件,该文件在 SDK 路径 out\rk2206\lockzhiner-rk2206\images\rk2206_db_loader.bin 下,如图 2.2.55 所示。

图 2.2.55　boot 文件

要查找固件,可单击第二行最后一列的空白按钮,进入文件管理界面,如图 2.2.56 所示。

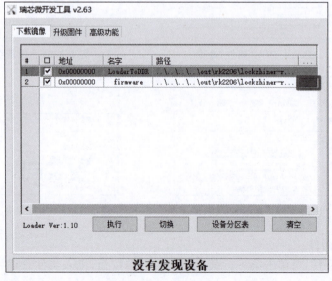

图 2.2.56　查找固件

选中固件，该固件文件在 SDK 路径 out\rk2206\lockzhiner-rk2206\images\Firmware.img 下，如图 2.2.57 所示。

图 2.2.57　固件文件

5）下载

在前面步骤都正确操作后单击"执行"按钮进行烧写，如图 2.2.58 所示。

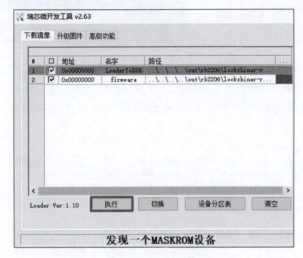

图 2.2.58　下载

烧写成功后，烧写工具会提示下载完成，如图 2.2.59 所示。

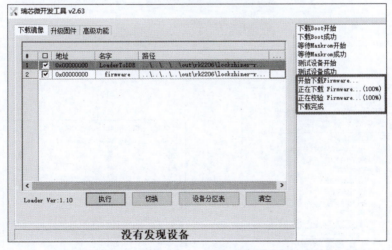

图 2.2.59　下载完成

如果经常出现烧写失败提示,则尝试更换计算机 USB 端口,台式机建议使用机箱背面的 USB 接口,机箱前置 USB 接口容易出现接触不良或供电不足造成烧写失败的问题。

2.2.9 查看调试串口

USB Type-C 接口连接开发板串口调试端口,图 2.2.60 所示。

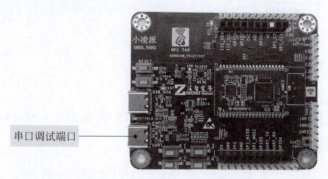

图 2.2.60 开发板串口调试端口

打开串口查看界面,如图 2.2.61～图 2.2.63 所示。图 2.2.62 所示的 COM17 串口号需要根据自己计算机的串口号选择。可以在设备管理器中查看串口号。

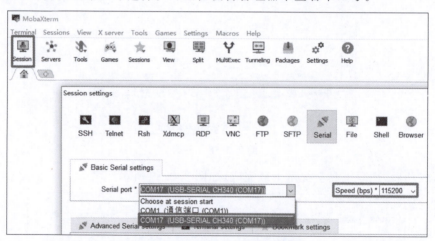

图 2.2.61 MobaXterm 串口界面

图 2.2.62 在设备管理器中查看串口

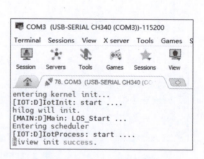

图 2.2.63 查看结果

2.3　OpenHarmony Windows Docker 编译环境搭建

视频讲解

2.3.1　开发环境简介

OpenHarmony 开发需要在指定环境下编译代码,支持 Linux 和 Windows 操作系统来编译代码。本节介绍在 Windows 操作系统下的 Docker 编译环境搭建。

2.3.2　安装开发依赖服务和工具

1. Windows 系统中开启 Linux 虚拟机平台

(1) Windows 系统选择"开始"→"设置"→"应用",如图 2.3.1 所示。

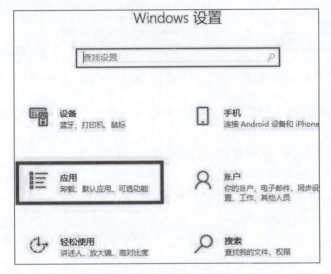

图 2.3.1　Windows 设置

(2) 在"应用"中选择"应用和功能",然后单击"程序和功能",如图 2.3.2 所示。

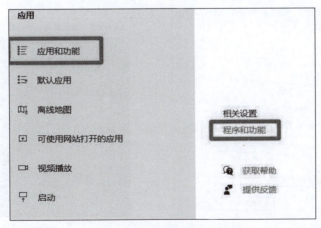

图 2.3.2　程序和功能

(3) 在"程序和功能"侧边栏单击"启用或关闭 Windows 功能",如图 2.3.3 所示。

(4) 在"Windows 功能"中勾选"Hyper-V"选项，如图 2.3.4 所示。

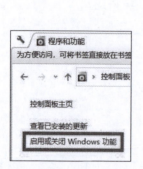

图 2.3.3 启用或关闭 Windows 功能

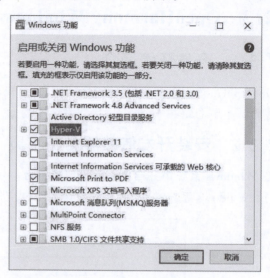

图 2.3.4 勾选"Hyper-V"选项

在"Windows 功能"中勾选"适用于 Linux 的 Windows 子系统"和"虚拟机平台"选项，如图 2.3.5 所示。

在图 2.3.5 中单击"确定"按钮，然后重启 Windows 系统。

2. Windows 系统中安装 WSL2

打开 Windows 系统 CMD 命令行，输入如下命令：

```
wsl -- install
```

安装 WSL2 的过程如图 2.3.6 所示。

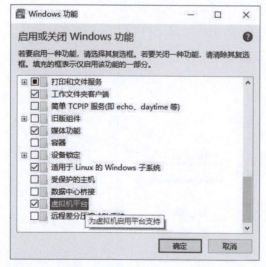

图 2.3.5 勾选"适用于 Linux 的 Windows 子系统"和"虚拟机平台"选项

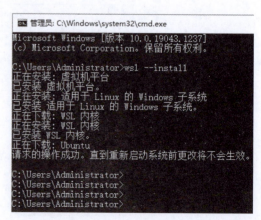

图 2.3.6 安装 WSL2

3. 在 Windows 系统中安装 Docker Desktop

如图 2.3.7 所示下载 Docker Desktop 安装包，下载地址为 Docker 官方网站。

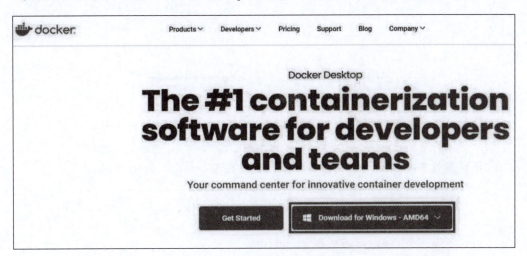

图 2.3.7 下载 Docker Desktop

（1）安装 Docker Desktop，单击安装包进行安装，Docker Desktop 安装路径为 C：\Program Files\Docker\Docker\，安装如图 2.3.8 所示。当然也可以根据自己的喜好安装在不同路径下。

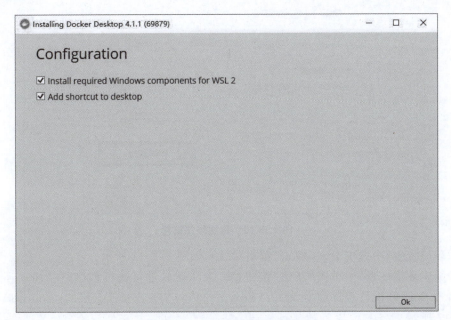

图 2.3.8 安装 Docker Desktop

（2）Docker 配置 PATH 环境变量。Docker 正常使用需要将 Docker 相关的命令路径配置到 PATH 环境变量中。

右击"我的电脑"，选择"属性"进入设置窗口，侧边栏选择"关于"，单击"高级系统设置"选项，如图 2.3.9 所示。

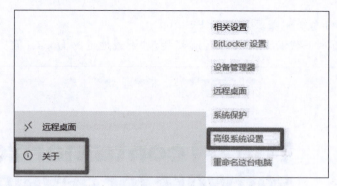

图 2.3.9　高级系统设置

在"系统属性"中选择"高级",单击"环境变量"按钮,如图 2.3.10 所示。

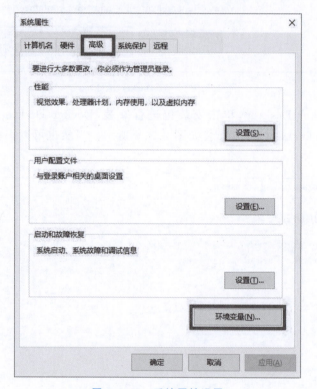

图 2.3.10　系统属性设置

在"环境变量"中选中 Path,单击"编辑"按钮,如图 2.3.11 所示。

在"编辑环境变量"中单击"新建"按钮,将 Docker 软件可执行程序路径加入环境变量中,Docker 软件可执行程序路径为 C:\Program Files\Docker\Docker\resources\bin,如图 2.3.12 所示。

在图 2.3.12 中单击"确定"按钮,然后重启 Windows 系统。

4. 下载 openharmony-docker 镜像

打开 Windows 系统 CMD 命令行,输入如下命令:

```
docker pull
swr.cn-south-1.myhuaweicloud.com/openharmony-docker/docker_oh_standard:3.2
```

图 2.3.11　环境变量

图 2.3.12　编辑环境变量

下载 openharmony-docker 镜像的结果如图 2.3.13 所示。

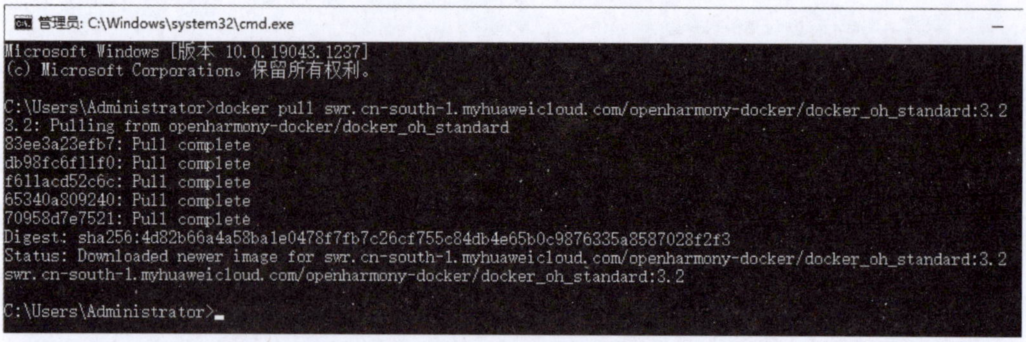

图 2.3.13　下载 openharmony-docker 镜像

2.3.3　源代码下载

使用浏览器访问小凌派-RK2206 开发板 Gitee 仓库，如图 2.3.14 所示。

图 2.3.14　源代码网址

在网页中单击"克隆/下载"，下载小凌派-RK2206 开发板源代码，如图 2.3.15 所示，例如将源代码下载到路径"E:/"。

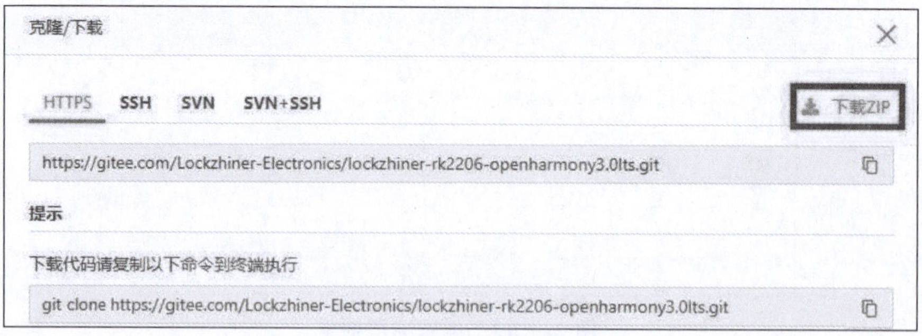

图 2.3.15　下载源代码

小凌派-RK2206 开发板源代码压缩包 lockzhiner-rk2206-openharmony3.0lts-master.zip 下载完成后,解压源代码压缩包,解压后源码路径如下所示:

```
E:\lockzhiner-rk2206-openharmony3.0lts-master
```

2.3.4 Docker 编译

1. 开启容器

(1) 打开 Windows 系统 CMD 命令行,进入源代码路径,输入如下命令:

```
e:
cd lockzhiner-rk2206-openharmony3.0lts-master
docker run -it -v
E:\lockzhiner-rk2206-openharmony3.0lts-master:/home/openharmony
swr.cn-south-1.myhuaweicloud.com/openharmony-docker/docker_oh_mini:3.2
```

上述命令中"E:\lockzhiner-rk2206-openharmony3.0lts-master"为源代码路径。开启容器的运行结果如图 2.3.16 所示。

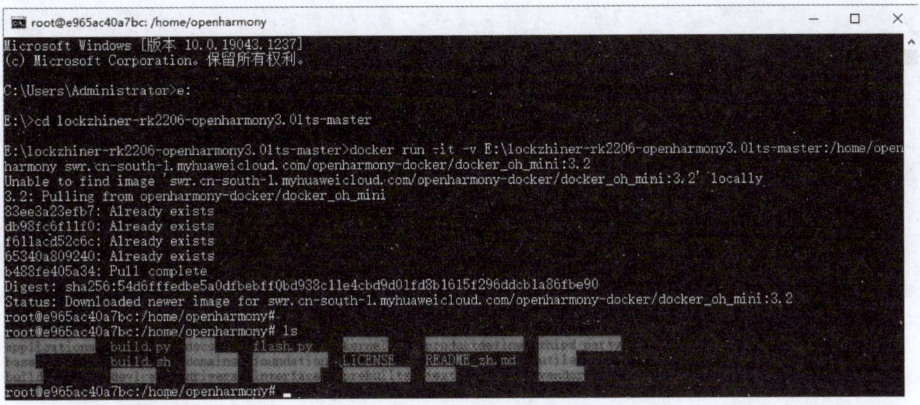

图 2.3.16 开启容器

(2) 安装相关编译工具,输入如下命令:

```
cd /home/openharmony/
./build/prebuilts_download.sh
pip3 install build/lite
```

编译工具安装成功,如图 2.3.17 所示。

(3) 编译 OpenHarmony 源代码,执行如下命令:

```
hb set -root .
hb set
#选择 lockzhiner-rk2206
lockzhiner
lockzhiner-rk2206
hb build -f
```

执行编译命令,如图 2.3.18 所示。

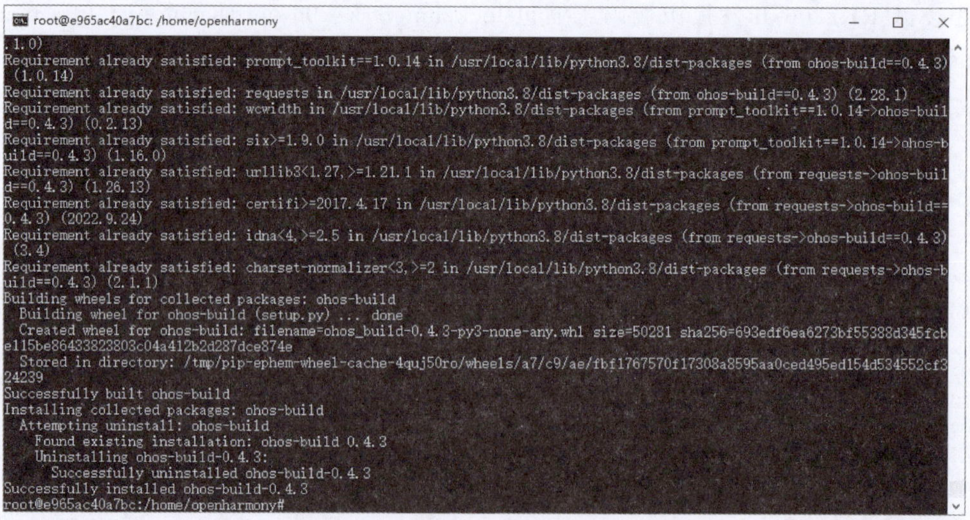

```
root@e965ac40a7bc: /home/openharmony
.1.0)
Requirement already satisfied: prompt_toolkit==1.0.14 in /usr/local/lib/python3.8/dist-packages (from ohos-build==0.4.3)
 (1.0.14)
Requirement already satisfied: requests in /usr/local/lib/python3.8/dist-packages (from ohos-build==0.4.3) (2.28.1)
Requirement already satisfied: wcwidth in /usr/local/lib/python3.8/dist-packages (from prompt_toolkit==1.0.14->ohos-buil
d==0.4.3) (0.2.13)
Requirement already satisfied: six>=1.9.0 in /usr/local/lib/python3.8/dist-packages (from prompt_toolkit==1.0.14->ohos-b
uild==0.4.3) (1.16.0)
Requirement already satisfied: urllib3<1.27,>=1.21.1 in /usr/local/lib/python3.8/dist-packages (from requests->ohos-buil
d==0.4.3) (1.26.13)
Requirement already satisfied: certifi>=2017.4.17 in /usr/local/lib/python3.8/dist-packages (from requests->ohos-build==
0.4.3) (2022.9.24)
Requirement already satisfied: idna<4,>=2.5 in /usr/local/lib/python3.8/dist-packages (from requests->ohos-build==0.4.3)
 (3.4)
Requirement already satisfied: charset-normalizer<3,>=2 in /usr/local/lib/python3.8/dist-packages (from requests->ohos-b
uild==0.4.3) (2.1.1)
Building wheels for collected packages: ohos-build
  Building wheel for ohos-build (setup.py) ... done
  Created wheel for ohos-build: filename=ohos_build-0.4.3-py3-none-any.whl size=50281 sha256=693edf6ea6273bf55388d345fcb
e115be86433823803c04a412b2d287dce874e
  Stored in directory: /tmp/pip-ephem-wheel-cache-4quj50ro/wheels/a7/c9/ae/fbf1767570f17308a8595aa0ced495ed154d534552cf3
24239
Successfully built ohos-build
Installing collected packages: ohos-build
  Attempting uninstall: ohos-build
    Found existing installation: ohos-build 0.4.3
    Uninstalling ohos-build-0.4.3:
      Successfully uninstalled ohos-build-0.4.3
Successfully installed ohos-build-0.4.3
root@e965ac40a7bc:/home/openharmony#
```

图 2.3.17 安装编译工具

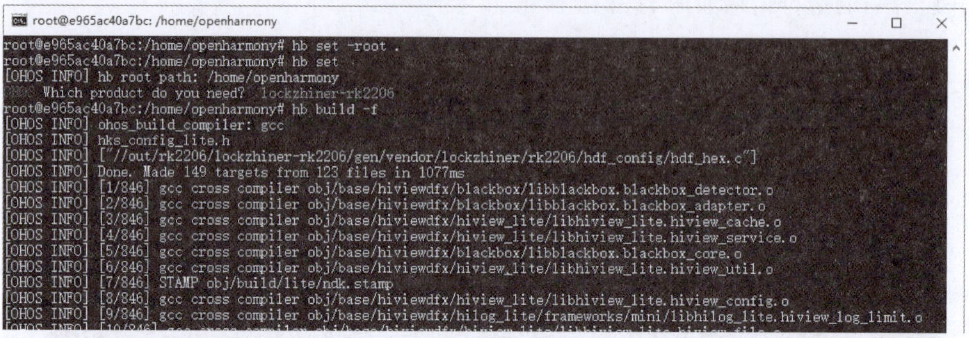

```
root@e965ac40a7bc: /home/openharmony
root@e965ac40a7bc:/home/openharmony# hb set -root .
root@e965ac40a7bc:/home/openharmony# hb set
[OHOS INFO] hb root path: /home/openharmony
OHOS Which product do you need?  lockzhiner-rk2206
root@e965ac40a7bc:/home/openharmony# hb build -f
[OHOS INFO] ohos_build_compiler: gcc
[OHOS INFO] hks_config_lite.h
[OHOS INFO] ["//out/rk2206/lockzhiner-rk2206/gen/vendor/lockzhiner/rk2206/hdf_config/hdf_hex.c"]
[OHOS INFO] Done. Made 149 targets from 123 files in 1077ms
[OHOS INFO] [1/846] gcc cross compiler obj/base/hiviewdfx/blackbox/libblackbox.blackbox_detector.o
[OHOS INFO] [2/846] gcc cross compiler obj/base/hiviewdfx/blackbox/libblackbox.blackbox_adapter.o
[OHOS INFO] [3/846] gcc cross compiler obj/base/hiviewdfx/hiview_lite/libhiview_lite.hiview_cache.o
[OHOS INFO] [4/846] gcc cross compiler obj/base/hiviewdfx/hiview_lite/libhiview_lite.hiview_service.o
[OHOS INFO] [5/846] gcc cross compiler obj/base/hiviewdfx/blackbox/libblackbox.blackbox_core.o
[OHOS INFO] [6/846] gcc cross compiler obj/base/hiviewdfx/hiview_lite/libhiview_lite.hiview_util.o
[OHOS INFO] [7/846] STAMP obj/build/lite/ndk.stamp
[OHOS INFO] [8/846] gcc cross compiler obj/base/hiviewdfx/hiview_lite/libhiview_lite.hiview_config.o
[OHOS INFO] [9/846] gcc cross compiler obj/base/hiviewdfx/hilog_lite/frameworks/mini/libhilog_lite.hiview_log_limit.o
```

图 2.3.18 执行编译命令

编译成功，如图 2.3.19 所示。

```
root@e965ac40a7bc: /home/openharmony
[OHOS INFO] [824/846] gcc cross compiler obj/vendor/lockzhiner/rk2206/hals/utils/token/libhal_token_static.hal_token.o
[OHOS INFO] [825/846] AR libs/libhal_token_static.a
[OHOS INFO] [826/846] AR libs/libtoken_static.a
[OHOS INFO] [827/846] STAMP obj/base/startup/syspara_lite/frameworks/token/token.stamp
[OHOS INFO] [828/846] gcc cross compiler obj/third_party/paho_mqtt/MQTTClient-C/src/liteOS/libpahomqtt_static.MQTTLiteOS
.o
[OHOS INFO] [829/846] gcc cross compiler obj/vendor/lockzhiner/rk2206/hdf_drivers/pwm/libpwm_driver.pwm_driver.o
[OHOS INFO] [830/846] AR libs/libpwm_driver.a
[OHOS INFO] [831/846] gcc cross compiler obj/vendor/lockzhiner/rk2206/hdf_drivers/gpio/libgpio_driver.gpio_driver_rk2206
.o
[OHOS INFO] [832/846] gcc cross compiler obj/vendor/lockzhiner/rk2206/hdf_drivers/adc/libadc_driver.adc_driver.o
[OHOS INFO] [833/846] AR libs/libgpio_driver.a
[OHOS INFO] [834/846] AR libs/libadc_driver.a
[OHOS INFO] [835/846] gcc cross compiler obj/third_party/paho_mqtt/MQTTClient-C/src/libpahomqtt_static.MQTTClient.o
[OHOS INFO] [836/846] AR libs/libpahomqtt_static.a
[OHOS INFO] [837/846] gcc cross compiler obj/vendor/lockzhiner/rk2206/hdf_drivers/i2c/libi2c_driver.i2c_driver_rk2206.o
[OHOS INFO] [838/846] AR libs/libi2c_driver.a
[OHOS INFO] [839/846] gcc cross compiler obj/vendor/lockzhiner/rk2206/hdf_drivers/spi/libspi_driver.spi_driver.o
[OHOS INFO] [840/846] AR libs/libspi_driver.a
[OHOS INFO] [841/846] STAMP obj/vendor/lockzhiner/rk2206/hdf_drivers/hdf_drivers.stamp
[OHOS INFO] [842/846] STAMP obj/device/rockchip/rk2206/sdk_liteos/sdk.stamp
[OHOS INFO] [843/846] STAMP obj/device/rockchip/rk2206/sdk_liteos/wifiiot_sdk.stamp
[OHOS INFO] [844/846] STAMP obj/build/lite/ohos.stamp
[OHOS INFO] [845/846] ACTION //device/rockchip/rk2206/sdk_liteos:liteos(//build/lite/toolchain:arm-none-eabi-gcc)
[OHOS INFO] [846/846] STAMP obj/device/rockchip/rk2206/sdk_liteos/liteos.stamp
[OHOS INFO] /home/openharmony/vendor/lockzhiner/rk2206/fs.yml not found, stop packing fs. If the product does not need t
o be packaged, ignore it.
[OHOS INFO] lockzhiner-rk2206 build success
[OHOS INFO] cost time: 0:01:21
root@e965ac40a7bc:/home/openharmony#
```

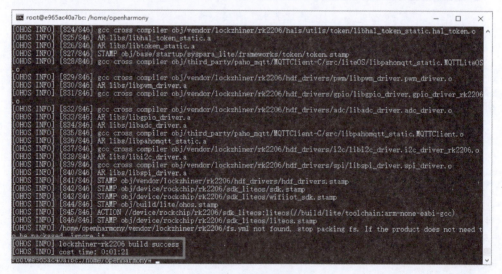

图 2.3.19 编译成功

编译成功后,镜像文件在源代码/out/rk2206/lockzhiner-rk2206/images 目录下。

2. 关闭容器

在正在运行的容器中关闭容器,输入如下命令:

```
exit
```

3. 重启容器

打开 Windows 系统 CMD 命令行,重启容器,输入如下命令:

```
#列出所有容器
docker container ls --all
#根据列出的容器,选择需要重启的容器 ID
docker container start [containerID]
#连接进入容器中
docker container attach [containerID]
```

4. 删除容器

打开 Windows 系统 CMD 命令行,删除容器,输入如下命令:

```
#列出所有容器
docker container ls --all
#根据列出的容器,选择需要删除的容器 ID
docker container rm [containerID]
```

2.3.5 烧录程序

烧录程序的步骤在 2.2.8 节已经介绍,这里不再赘述。

2.3.6 查看调试串口

查看调试串口的步骤在 2.2.9 节已经介绍,这里不再赘述。

2.4 思考和练习

(1) OpenHarmony 是什么?有什么特点?

(2) OpenHarmony 的技术架构是什么?

(3) OpenHarmony 操作系统和 Windows 操作系统有哪些区别?

(4) OpenHarmony 可以在哪些应用场景中使用?

(5) OpenHarmony Linux Docker 编译和 Windows Docker 编译有什么区别?各有什么优点?

(6) 根据 OpenHarmony Linux Docker 编译环境搭建章节的内容,搭建 Linux Docker 编译环境,下载本书配套源代码,编译并烧写测试。

(7) 根据 OpenHarmony Windows Docker 编译环境搭建章节的内容,搭建 Windows Docker 编译环境,下载本书配套源代码,编译并烧写测试。

第 2 篇

基础应用篇

- 第 3 章　OpenHarmony 移植
- 第 4 章　内核基础应用

第3章 OpenHarmony移植

3.1 轻量级内核移植

3.1.1 LiteOS内核概述

操作系统是用来管理系统硬件、软件及数据资源，控制程序运行，并为其他应用软件提供支持的一种系统软件。根据不同的种类，又可分为实时操作系统、桌面操作系统、服务器操作系统等。在于一些小型的应用，在系统实时性要求高，硬件资源有限等情况下，应尽量避免使用复杂庞大的操作系统，使用小型的实时操作系统更能满足应用的需求。

OpenHarmony包含轻量系统、小型系统和标准系统，其针对不同量级的系统，分别使用不同形态的内核，分别有LiteOS和Linux，在轻量系统和小型系统上选择使用LiteOS内核，在小型系统和标准系统上选择使用Linux内核。

LiteOS是华为面向物联网领域开发的一个基于实时内核的轻量级操作系统，是OpenHarmony体系的内核之一。从本质上说，它就是一个RTOS，现有基础内核可支持任务管理、内存管理、时间管理、通信机制、中断管理、队列管理、事件管理、定时器等操作系统基础组件，能够更好地支持低功耗场景，支持tickless机制，支持定时器对齐。同时LiteOS提供端云协同能力，集成了LwM2M、CoAP、mbedtls、LwIP全套IoT互联协议栈，且在LwM2M的基础上，提供了AgentTiny模块，用户只需关注自身的应用，而不必关注LwM2M实现细节，直接使用AgentTiny封装的接口即可简单快速地实现与云平台安全可靠的连接。LiteOS又分为LiteOS-M和LiteOS-A，前者主要针对轻量系统，后者主要针对小型系统和标准系统。RK2206是MCU级芯片，适合使用LiteOS-M内核，接下来讲解LiteOS-M如何移植到RK2206芯片上。

3.1.2 LiteOS移植适配

LiteOS有两种移植方案：接管中断和非接管中断方式。在接管中断方式下，由LiteOS创建并管理中断，需要修改RK2206芯片启动文件，移植比较复杂。RK2206的中断管理做得很好，不用由LiteOS管理中断，所以下面介绍的移植方案，都是非接管中断方式的。中断的使用与在裸机工程中是一样的。

另外，本书是基于OpenHarmony 3.0LTS源代码与RK2206芯片做的适配，因为

RK2206 芯片资源有限,所以采用 LiteOS-M 作为操作系统。下述的 OpenHarmony 默认就是 OpenHarmony 3.0LTS,LiteOS-M 默认就是 LiteOS。

1. 下载 OpenHarmony 源代码

OpenHarmony 源代码获取方式主要分为以下两种。

1) 通过 repo+ssh 下载

```
repo init -u git@gitee.com:openharmony/manifest.git -b refs/tags/OpenHarmony-v3.0-LTS --no-repo-verify
repo sync -c
repo forall -c 'git lfs pull'
```

2) 通过 repo+https 下载

```
repo init -u https://gitee.com/openharmony/manifest.git -b refs/tags/OpenHarmony-v3.0-LTS --no-repo-verify
repo sync -c
repo forall -c 'git lfs pull'
```

2. 创建工程

在 OpenHarmony 主目录下创建 device/rockchip 目录,如图 3.1.1 所示。

图 3.1.1 device/rockchip 目录

- hardware 文件夹主要存放 RK2206 芯片的固件库。
- rk2206 文件夹主要存放主函数、移植配置文件和相关头文件。
- tools 文件夹主要存放烧写工具、打包工具等。

3. 配置 target_config.h

target_config 对裁剪整个 LiteOS-M 所需功能的宏均做了定义,有些宏定义被使能,有些宏定义被失能,开始时用户暂时只需要配置最简单的功能即可。要想随心所欲地配置 LiteOS 的功能,就必须掌握宏定义的功能。下面介绍宏定义的含义及其修改方法。

1) 添加 link.h 头文件

```
/* RK2206 芯片的相关配置,包括内存分配等 */
#include "link.h"
#include "soc.h"
```

将 RK2206 芯片的 link.h 头文件添加到 target_config.h 中。后续一些 LiteOS 配置需要用到该头文件。

2）系统时钟模块配置

```
/* ===============================================
系统时钟模块配置
=============================================== */
#define OS_SYS_CLOCK                           96000000UL
#define OSCFG_BASE_CORE_TICK_PER_SECOND        (1000UL)
#define LOSCFG_BASE_CORE_TICK_HW_TIME          0
① #define LOSCFG_BASE_CORE_TICK_WTIMER         0
② #define LOSCFG_BASE_CORE_TICK_RESPONSE_MAX   0xFFFFFFUL
```

其中，OS_SYS_CLOCK 表示 LiteOS 的系统时钟周期，也就是 RK2206 芯片的系统时钟周期。

LOSCFG_BASE_CORE_TICK_PER_SECOND 表示 LiteOS 每秒 Tick 数量，即嘀嗒节拍数。在 LiteOS 中，系统延时和阻塞时间都是以 Tick 为单位的，配置 LOSCFG_BASE_CORE_TICK_PER_SECOND 的值可以改变中断的频率，从而间接改变 LiteOS 的时钟周期（$T=1/f$）。如果将 LOSCFG_BASE_CORE_TICK_PER_SECOND 的值设置为 1000，那么 LiteOS 的时钟周期为 1ms。过高的系统节拍中断频率意味着 LiteOS 内核将占用更多的 CPU 时间，因此会降低效率，一般将 LOSCFG_BASE_CORE_TICK_PER_SECOND 的值设置为 50~1000。

LOSCFG_BASE_CORE_TICK_HW_TIME 是定时器剪裁的外部配置参数，未使用，所以这个宏定义为 0。

① 表示 Tick 参数是否可被修改。

② 表示 Tick 参数的最大数值。超过该数值，系统时钟将重新开始计数。

3）硬件外部中断模块配置

```
/* ===============================================
硬件外部中断模块配置
=============================================== */
#define LOSCFG_PLATFORM_HWI                     1
#define LOSCFG_USE_SYSTEM_DEFINED_INTERRUPT     1
#define LOSCFG_PLATFORM_HWI_LIMIT               128
```

其中，LOSCFG_PLATFORM_HWI 表示 LiteOS 硬件中断定制配置参数，为 1 表示 LiteOS 接管了外部中断，为 0 表示 LiteOS 不接管中断。RK2206 芯片适配设置为 1，即 LiteOS 接管中断。

LOSCFG_USE_SYSTEM_DEFINED_INTERRUPT 表示使用 LiteOS 定义的中断函数，为 1 表示使用 LiteOS 定义的中断函数，为 0 表示未使用 LiteOS 定义的中断函数。RK2206 适配设置为 1，即使用 LiteOS 定义的中断函数。

LOSCFG_PLATFORM_HWI_LIMIT 表示 LiteOS 支持最大的外部中断数。RK2206 适配设置为 128，即 LiteOS 支持最大的外部中断数为 128 个。

4）任务模块配置

```
/* =============================================================
任务模块配置
============================================================= */
#define LOSCFG_BASE_CORE_TSK_LIMIT                63
#define LOSCFG_BASE_CORE_TSK_IDLE_STACK_SIZE      (0x1000U)
#define LOSCFG_BASE_CORE_TSK_DEFAULT_STACK_SIZE   (0x1000U)
#define LOSCFG_BASE_CORE_TSK_MIN_STACK_SIZE       (0x200U)
#define LOSCFG_BASE_CORE_TIMESLICE                1
#define LOSCFG_BASE_CORE_TIMESLICE_TIMEOUT        20000
```

其中，LOSCFG_BASE_CORE_TSK_LIMIT 表示 LiteOS 支持最大任务个数（除去空闲任务），一般默认为 63。

LOSCFG_BASE_CORE_TSK_IDLE_STACK_SIZE 表示 LiteOS 空闲任务的栈大小，默认为 0x500U 字节。

LOSCFG_BASE_CORE_TSK_DEFAULT_STACK_SIZE 表示 LiteOS 任务的默认栈大小。

LOSCFG_BASE_CORE_TSK_MIN_STACK_SIZE 表示 LiteOS 任务的最小栈大小。

LOSCFG_BASE_CORE_TIMESLICE 表示 LiteOS 是否使用时间片轮转方法，1 为使能，0 为禁用，建议为 1。

LOSCFG_BASE_CORE_TIMESLICE_TIMEOUT 表示 LiteOS 相同优先级的任务最长执行时间，单位为时钟节拍周期。

5）信号量模块配置

```
/* =============================================================
    信号量模块配置
============================================================= */
#define LOSCFG_BASE_IPC_SEM           1
#define OSCFG_BASE_IPC_SEM_LIMIT      48          // LiteOS 最大支持信号量的个数
```

其中，LOSCFG_BASE_IPC_SEM 表示信号量模块是否启用，1 为启用，0 为禁用，建议为 1。LOSCFG_BASE_IPC_SEM_LIMIT 表示 LiteOS 最大支持信号量的个数，建议为 48。

6）互斥锁模块配置

```
/* =============================================================
    互斥锁模块配置
============================================================= */
#define LOSCFG_BASE_IPC_MUX           1
#define LOSCFG_BASE_IPC_MUX_LIMIT     48
```

其中，LOSCFG_BASE_IPC_MUX 表示互斥锁模块是否启用，1 为启用，0 为禁用，建议为 1。LOSCFG_BASE_IPC_MUX_LIMI 表示 LiteOS 最大支持互斥锁的个数，建议为 48。

7）消息队列模块配置

```
/* =============================================================
    消息队列模块配置
============================================================= */
#define LOSCFG_BASE_IPC_QUEUE         1
#define LOSCFG_BASE_IPC_QUEUE_LIMIT   48
```

其中，LOSCFG_BASE_IPC_QUEUE 表示消息队列模块是否启用，1 为启用，0 为禁用，建议为 1。

LOSCFG_BASE_IPC_QUEUE_LIMIT 表示 LiteOS 最大支持消息队列的个数，建议为 48。

8）软件定时器模块配置

```
/* ==============================================================
        软件定时器模块配置
   ============================================================== */
#define LOSCFG_BASE_CORE_SWTMR              1
#define LOSCFG_BASE_CORE_SWTMR_ALIGN        0
#define LOSCFG_BASE_CORE_SWTMR_LIMIT        48
```

其中，LOSCFG_BASE_CORE_SWTMR 表示软件定时器模块是否启用，1 为启用，0 为禁用，建议为 1。

LOSCFG_BASE_CORE_SWTMR_ALIGN 表示软件定时器对齐功能，1 为对齐，0 为不对齐，建议为 0。

LOSCFG_BASE_CORE_SWTMR_LIMIT 表示 LiteOS 最大支持软件定时器的个数，建议为 48。

9）内存模块配置

```
/* ==============================================================
        内存模块配置
   ============================================================== */
#define LOSCFG_MEM_MUL_POOL                     1
#define OS_SYS_MEM_NUM                          20
①#define LOSCFG_MEM_FREE_BY_TASKID               1
②#define LOSCFG_BASE_MEM_NODE_INTEGRITY_CHECK    1
③#define LOSCFG_MEM_LEAKCHECK                    1
#define LOSCFG_SYS_EXTERNAL_HEAP                1
④extern unsigned int _heap_start;
#define LOSCFG_SYS_HEAP_ADDR                    &_heap_start
#define LOSCFG_SYS_HEAP_SIZE                    (PSRAM_SIZE - SYS_STACK_SIZE)
```

其中，LOSCFG_MEM_MUL_POOL 表示内存模块内存池功能，1 为启用，0 为禁用，建议为 1。

OS_SYS_MEM_NUM 表示 LiteOS 支持最大内存数量，建议为 20。

① 表示由任务来释放内存。

② 表示是否进行内存节点完整性检查。1 为启用，0 为禁用。

③ 表示是否开启内存泄漏检测机制。1 为启用，0 为禁用。开启该功能时，内存机制会自动记录申请内存时的函数调用关系，一旦出现内存泄漏，系统会将这些信息打印出来。

LOSCFG_SYS_EXTERNAL_HEAP 表示 LiteOS 是否支持外部堆，1 为启用，0 为禁用，建议为 1。

④ 表示定义堆的起始地址。

LOSCFG_SYS_HEAP_ADDR 表示 LiteOS 定义内存堆的起始地址。

LOSCFG_SYS_HEAP_SIZE 表示 LiteOS 定义内存堆的内存总大小。

10) 任务栈监控模块配置

```
/* =================================================================
        任务栈监控模块配置
   ================================================================= */
#define LOSCFG_BASE_CORE_TSK_MONITOR   1  // 任务栈监控模块功能,1 为打开,0 为关闭
①#define LOSCFG_BASE_CORE_CPUP          1
// 任务执行过滤器钩子函数配置,默认为 1
#define LOSCFG_BASE_CORE_EXC_TSK_SWITCH  1
```

其中,LOSCFG_BASE_CORE_TSK_MONITOR 表示任务栈监控模块功能,1 为打开,0 为关闭,建议为 1。

LOSCFG_BASE_CORE_TSK_MONITOR 用于表示开启 CPUP 模块初始化。1 表示启用,0 表示禁用。其中 CPUP(Central Processing Unit Percentage,CPU 占用率)主要用于获知当前系统中各个任务的 CPU 占用情况。

LOSCFG_BASE_CORE_EXC_TSK_SWITCH 表示监控栈的任务执行过滤器钩子函数配置,建议为 1。

编辑完毕,将 target_config.h 放入到 sdk_liteos/include 目录中。

4. 配置 config.gni

在 sdk_liteos 目录下创建 config.gni 文件,指明整个工程编译器相关信息,包括编译器、编译选项以及编译模块内容。

```
# Copyright (c) 2022 FuZhou Lockzhiner Electronic Co., Ltd. All rights reserved.
# Licensed under the Apache License, Version 2.0 (the "License");
# you may not use this file except in compliance with the License.
# You may obtain a copy of the License at
#
#     http://www.apache.org/licenses/LICENSE-2.0
#
# Unless required by applicable law or agreed to in writing, software
# distributed under the License is distributed on an "AS IS" BASIS,
# WITHOUT WARRANTIES OR CONDITIONS OF ANY KIND, either express or implied.
# See the License for the specific language governing permissions and
# limitations under the License.

# Kernel type, e.g. "linux", "liteos_a", "liteos_m".
kernel_type = "liteos_m"
# Kernel version.
kernel_version = "1.0.1"
# Board CPU type, e.g. "cortex-a7", "riscv32".
board_cpu = "cortex-m4"
# Board arch, e.g. "armv7-a", "rv32imac".
board_arch = ""
# Toolchain name used for system compiling.
# E.g. gcc-arm-none-eabi, arm-linux-harmonyeabi-gcc, ohos-clang, riscv32-unknown-elf.
# Note: The default toolchain is "ohos-clang". It's not mandatory if you use the default toolchain.
board_toolchain = "arm-none-eabi-gcc"
use_board_toolchain = true
# The toolchain path installed, it's not mandatory if you have added toolchain path to your ~/.bashrc.
board_toolchain_path = ""
```

```
# Compiler prefix.
board_toolchain_prefix = "arm-none-eabi-"
# Compiler type, "gcc" or "clang".
board_toolchain_type = "gcc"
# Board related common compile flags.
board_cflags = [
    "-mcpu=cortex-m4",
    "-mthumb",
    "-Wall",
    "-fdata-sections",
    "-ffunction-sections",
    "-DUSE_HAL_DRIVER",
    "-D_STORAGE_LITE_",
    "-D__LITEOS_M__",
    "-D_BSD_SOURCE",
    "-D_GNU_SOURCE",
]

board_cxx_flags = board_cflags
board_ld_flags = board_cflags
# Board related headfiles search path.
board_include_dirs = [
    "//device/rockchip/rk2206/sdk_liteos/include",
    "//device/rockchip/rk2206/adapter/include",
    "//device/rockchip/rk2206/sdk_liteos/board/fs",
    "//device/rockchip/hardware/lib/CMSIS/Device/RK2206/Include",
    "//third_party/cmsis/CMSIS/Core/Include",
    "//kernel/liteos_m/kal/posix/include",
    "//kernel/liteos_m/components/fs/fatfs",
    "//kernel/liteos_m/kernel/include",
    "//kernel/liteos_m/kernel/arch/include",
    "//kernel/liteos_m/kernel/arch/arm/cortex-m4/gcc",
    "//kernel/liteos_m/utils",
    "//kernel/liteos_m/kal/cmsis",
    "//kernel/liteos_m/components/net/lwip-2.1/porting/include",
    "//third_party/FatFs/source",
    "//third_party/musl/arch/arm",
    "//third_party/lwip/src/include",
    "//utils/native/lite/include",
    "//foundation/communication/wifi_aware/interfaces/kits",
    "//foundation/communication/wifi_lite/interfaces/wifiservice",
    "//foundation/communication/ipc_lite/interfaces/kits",
    "//foundation/communication/softbus_lite/interfaces/kits/discovery/",
    "//foundation/communication/softbus_lite/interfaces/kits/transport/",
    "//base/startup/syspara_lite/interfaces/kits",
    "//base/security/huks/interfaces/innerkits/huks_lite",
    "//utils/native/lite/include",
    "//base/hiviewdfx/hilog_lite/interfaces/native/kits",
    "//third_party/openssl/crypto/ec",
    "//third_party/openssl/include",
    "//kernel/liteos_m/components",
    "//third_party/bounds_checking_function/include",
]
# Board adapter dir for OHOS components.
board_adapter_dir = ""
# Sysroot path.
board_configed_sysroot = ""
# Board storage type, it used for file system generation.
storage_type = "spinor"
rk_third_party_dir = product_config.rk_third_party_dir
```

其中，kernel_type 表示内核类型，建议为 liteos-m。
board_cpu 表示芯片型号，建议为 cortex-m4。
board_toolchain 表示编译器，建议为 arm-none-eabi-gcc。
board_cflags 表示 gcc 预编译选项，建议为

```
-mcpu=cortex-m4 -mthumb -Wall -fdata-sections -ffunction-sections -DUSE_HAL_DRIVER -D_STORAGE_LITE_ -D__LITEOS_M__ -D_BSD_SOURCE -D_GNU_SOURCE
```

board_cxx_flags 表示 g++ 预编译选项。
board_ld_flags 表示编译链接选项。
board_include_dirs 表示编译头文件路径。

5．编写 Makefile

在 device/rockchip/rk2206/sdk_liteos 目录下创建 Makefile，用于将所有编译好的静态库链接成 bin 文件，并打包成镜像文件，具体代码如下：

```
TARGET = liteos
BUILD_DIR = $(OUTDIR)
BOARD_DIR = $(shell pwd)
PREFIX = arm-none-eabi-
CC = $(PREFIX)gcc
AS = $(PREFIX)gcc -x assembler-with-cpp
CP = $(PREFIX)objcopy
SZ = $(PREFIX)size
HEX = $(CP) -O ihex
BIN = $(CP) -O binary -S
#############################################
# CFLAGS
#############################################
# cpu
CPU = -mcpu=cortex-m4
# fpu
FPU = -mfpu=fpv4-sp-d16
# float-abi
FLOAT-ABI = -mfloat-abi=soft
# mcu
MCU = $(CPU) -mthumb $(FPU) $(FLOAT-ABI)
#############################################
# LDFLAGS
#############################################
LDSCRIPT = board.ld
boot_LIBS = -lbootstrap -lbroadcast
hardware_LIBS = -lhal_iothardware -lhardware
hdf_LIBS = -lhdf_config -lhdf_core -lhdf_osal_lite -lhdf_platform_lite
app_LIBS =
xts_LIBS = -lmodule_ActsBootstrapTest -lmodule_ActsDfxFuncTest -lmodule_ActsHieventLiteTest -lhuks_test_common -lmodule_ActsHuksHalFunctionTest -lmodule_ActsKvStoreTest \
-lmodule_ActsLwipTest -lmodule_ActsParameterTest -lmodule_ActsSamgrTest -lmodule_ActsUpdaterFuncTest -lmodule_ActsUtilsFileTest \
-lmodule_ActsWifiIotTest -lmodule_ActsWifiServiceTest -lhctest -lmbedtls -lhal_update_static -lhota

common_LIBS = -larch -lcjson_static -ldump_static -lhal_wifiaware -lhuks_3.0_sdk \
```

```
        -lnative_file -lsec_static -lwifiaware -lauthmanager -lcmsis -lexchook -lkernel -lpm \
        -lsysparam -lwifiservice -lbacktrace -lcppsupport -lhal_file_static -lhichainsdk \
        -lposix -ltoken_static -lboard -lcpup -lhievent_lite -lmbedtls -lsamgr -ltrans_
        service \
        -ldiscovery -lhal_sysparam -lhilog_lite -lmusl-c -lsamgr_adapter -lutils \
        -llwip -lhal_token_static -lhiview_lite -lmusl-m -lsamgr_source -lutils_kv_store \
        -lpahomqtt_static -llzlittlefs
LIBS = -Wl,--start-group \
        -Wl,--whole-archive $(boot_LIBS) $(hardware_LIBS) $(hdf_LIBS) $(app_LIBS) \
        -Wl,--no-whole-archive \
        $(common_LIBS) \
        -Wl,--end-group

LIB_DIR = -L$(BUILD_DIR)/libs

LDFLAGS = $(MCU) \
        --specs=nosys.specs \
        -T$(LDSCRIPT) \
        $(LIB_DIR) \
        -Wl,--start-group $(LIBS) -Wl,--end-group \
        -Wl,-Map=$(BUILD_DIR)/$(TARGET).map,--cref \
        -Wl,--gc-sections

all: $(BUILD_DIR)/$(TARGET).elf $(BUILD_DIR)/$(TARGET).hex $(BUILD_DIR)/
$(TARGET).bin
$(BUILD_DIR)/$(TARGET).elf:
    $(CC) $(LDFLAGS) -o $@
$(SZ) $@

$(BUILD_DIR)/%.hex: $(BUILD_DIR)/%.elf
$(HEX) $< $@

$(BUILD_DIR)/%.bin: $(BUILD_DIR)/%.elf
$(BIN) $< $@

-include $(wildcard $(BUILD_DIR)/*.d)
```

其中，TARGET 表示编译最终目标为 LiteOS 的 bin 文件。

PREFIX、CC 表示指明交叉编译器。

CPU 表示指定编译 CPU 类型，即 cpu=cortex-m4。

LDSCRIPT 表示指定 RK2206 芯片的 ld 链接脚本。

LIBS 表示指定编译需要链接的静态库。其中，如果有需要调用 LiteOS 的开启自启动机制的静态库，需要在编译时将该静态库添加在-Wl、--whole-archive 和-Wl、--no-whole-archive 之间。

LIB_DIR 表示指定链接静态库的路径。

6. 编写 build.sh

创建 device/rockchip/rk2206/sdk_liteos/build.sh，该 shell 脚本将负责以下 3 部分的工作：

(1) 编译 ld 链接脚本；

(2) 调用 Makefile 编译 bin 文件，即 LiteOS 二进制文件；

(3) 运行打包脚本，打包成引导程序和镜像文件。

build.sh 具体脚本如下：

```
# error out on errors
set -e
CPUs = `sed -n "N;/processor/p" /proc/cpuinfo|wc -l`

OUT_DIR = "$1"
SDK_DIR = $(pwd)
TOOLS_DIR = ${SDK_DIR}/../../tools/package

PART_SYSTEM_BLOCKS = $(cat include/link.h | grep "#define PART_SYSTEM_BLOCKS" | awk -F' ' '{print $3}')
PART_LOADER_BLOCKS = $(cat include/link.h | grep "#define PART_LOADER_BLOCKS" | awk -F' ' '{print $3}')
PART_LITEOS_BLOCKS = $(cat include/link.h | grep "#define PART_LITEOS_BLOCKS" | awk -F' ' '{print $3}')
PART_ROOTFS_BLOCKS = $(cat include/link.h | grep "#define PART_ROOTFS_BLOCKS" | awk -F' ' '{print $3}')
PART_USERFS_BLOCKS = $(cat include/link.h | grep "#define PART_USERFS_BLOCKS" | awk -F' ' '{print $3}')

LDSCRIPT = board.ld
CFLAGS = "SDK_DIR=${SDK_DIR} LDSCRIPT=${LDSCRIPT}"

function main()
{
    # make ld script
    make ${CFLAGS} -f build/link.mk
    # make liteos
    make OUTDIR=${OUT_DIR} -j ${CPUs}
    # make images
    ${TOOLS_DIR}/mkimage.sh ${PART_SYSTEM_BLOCKS} ${PART_LOADER_BLOCKS} ${PART_LITEOS_BLOCKS} ${PART_ROOTFS_BLOCKS} ${PART_USERFS_BLOCKS}
}

main "$@"
```

其中，make ${CFLAGS} -f build/link.mk 表示编译 ld 链接脚本，该链接脚本的源文件来自 device/rockchip/rk2206/sdk_liteos/build/link.mk。

7. 添加主程序

创建 device/rockchip/rk2206/sdk_liteos/board 文件夹，创建相关源代码文件，具体如图 3.1.2 所示。

```
lingzhi@lingzhi:/svn/mouxian/gitee/lockzhiner-rk2206-openharmony3.0lts/device/rockchip/rk2206/sdk_liteos/board$ tree
├── BUILD.gn
├── dprintf.c
├── fs
│   ├── ff_gen_drv.c
│   ├── ff_gen_drv.h
│   └── fs_config.h
├── include
│   └── config_network.h
├── iotmain.c
├── main.c
├── src
│   └── config_network.c
└── startup
    └── startup_rk2206.S

4 directories, 10 files
```

图 3.1.2　board 文件夹

其中，dprintf.c 为将 printf 函数重定向，将串口 1 定义为调试串口信息输出，具体代码如下：

```c
/*
 * Copyright (c) 2022 FuZhou Lockzhiner Electronic Co., Ltd. All rights reserved.
 * Licensed under the Apache License, Version 2.0 (the "License");
 * you may not use this file except in compliance with the License.
 * You may obtain a copy of the License at
 *
 *     http://www.apache.org/licenses/LICENSE-2.0
 *
 * Unless required by applicable law or agreed to in writing, software
 * distributed under the License is distributed on an "AS IS" BASIS,
 * WITHOUT WARRANTIES OR CONDITIONS OF ANY KIND, either express or implied.
 * See the License for the specific language governing permissions and
 * limitations under the License.
 */

#include <stdarg.h>
#include <stdio.h>
#include "lz_hardware.h"

#define DEBUG_PORT              1

int printf(char const * fmt, ...)
{
    va_list ap;
    char buffer[256];

    va_start(ap, fmt);
    vsnprintf(buffer, 256, fmt, ap);
    DebugWrite(DEBUG_PORT, (const unsigned char *)buffer, strlen(buffer));
    DebugPutc(DEBUG_PORT, '\r');
    va_end(ap);
    return 0;
}
```

其中，src/config_network.c 是 Wi-Fi/AP 网络配置，主要用于初始化 LwIP 协议栈，设置 Wi-Fi/AP。该部分源代码与 LiteOS 移植关系不大，故不详述。

startup/startup_rk2206.S 是启动连接脚本。

main.c 的功能包括固件库初始化、LiteOS 初始化、创建任务以及 HDF 服务初始化等，具体内容如下：

```c
/*
 * Copyright (c) 2022 FuZhou Lockzhiner Electronic Co., Ltd. All rights reserved.
 * Licensed under the Apache License, Version 2.0 (the "License");
 * you may not use this file except in compliance with the License.
 * You may obtain a copy of the License at
 *
 *     http://www.apache.org/licenses/LICENSE-2.0
 *
 * Unless required by applicable law or agreed to in writing, software
 * distributed under the License is distributed on an "AS IS" BASIS,
 * WITHOUT WARRANTIES OR CONDITIONS OF ANY KIND, either express or implied.
```

```c
 * See the License for the specific language governing permissions and
 * limitations under the License.
 */

#include "los_tick.h"
#include "los_task.h"
#include "los_config.h"
#include "los_interrupt.h"
#include "los_debug.h"
#include "los_compiler.h"
#include "lz_hardware.h"
#include "config_network.h"

#define MAIN_TAG                "MAIN"
int DeviceManagerStart();
void IotInit(void);

/*****************************************************************************
 Function    : main
 Description : Main function entry
 Input       : None
 Output      : None
 Return      : None
 *****************************************************************************/
LITE_OS_SEC_TEXT_INIT int Main(void)
{
    int ret;
    LZ_HARDWARE_LOGD(MAIN_TAG, "%s: enter...", __func__);

    HalInit();

    ret = LOS_KernelInit();
    if (ret == LOS_OK) {
        IotInit();
        OHOS_SystemInit();
        /* 开启驱动管理服务 */
        DeviceManagerStart();
        LZ_HARDWARE_LOGD(MAIN_TAG, "%s: LOS_Start...", __func__);
        LOS_Start();
    }

    while (1) {
        __asm volatile("wfi");
    }
}
```

其中，HalInit 用于固件库初始化，包括时钟频率配置、调试串口初始化等。

LOS_KernelInit()主要是初始化 LiteOS 内核。

OHOS_SystemInit()主要是初始化了一些相关模块、系统，包括调用宏函数 MODULE_INIT、SYS_INIT 和函数 SAMGR_Bootstrap()的初始化启动。

DeviceManagerStart()主要是开启驱动管理服务。

LOS_Start()主要是开启 LiteOS 操作系统。

8. 编写 BUILD.gn

创建 device/rockchip/rk2206/sdk_liteos/BUILD.gn，具体内容如下：

```
import("//build/lite/config/component/lite_component.gni")
import("//build/lite/config/subsystem/lite_subsystem.gni")

declare_args() {
  enable_hos_vendor_wifiiot_xts = false
}

lite_subsystem("wifiiot_sdk") {
  subsystem_components = [ ":sdk" ]
}

build_ext_component("liteos") {
  exec_path = rebase_path(".", root_build_dir)
  outdir = rebase_path(root_out_dir)
  command = "sh ./build.sh $ outdir"
  deps = [
    ":sdk",
    "//build/lite:ohos",
  ]
  if (enable_hos_vendor_wifiiot_xts) {
    deps += [ "//build/lite/config/subsystem/xts:xts" ]
  }
}

lite_component("sdk") {
  features = [ ]
  deps = [
    "//device/rockchip/rk2206/sdk_liteos/board:board",
    "//device/rockchip/hardware:hardware",
    "../third_party/littlefs:lzlittlefs",
    "//build/lite/config/component/cJSON:cjson_static",
    "//vendor/lockzhiner/rk2206/hdf_config:hdf_config",
    "//vendor/lockzhiner/rk2206/hdf_drivers:hdf_drivers",
    "//drivers/adapter/khdf/liteos_m/test/sample_driver:sample_driver",
    "//drivers/adapter/uhdf/manager:hdf_manager",
    "//drivers/adapter/uhdf/posix:hdf_posix",
  ]
}
```

其中，build_ext_component("liteos")主要是执行当前目录下的 build.sh 脚本。在执行 build.sh 脚本之前，先执行 sdk 和//build/lite：ohos。

sdk 主要是编译指定的功能模块，包括 board（主程序）、hardware（固件库）、lzlittlefs（littlefs 文件系统）、hdf（HDF 驱动服务和 HDF 驱动）。

9. 添加 vendor 文件夹

按照 OpenHarmony 官方目录规范要求：vendor/厂商/开发板名称，在 vendor 文件夹下可创建开发板文件夹，具体如图 3.1.3 所示。

```
lingzhi@lingzhi:/svn/mouxian/gitee/lockzhiner-rk2206-openharmony3.0lts/vendor$ tree -L 2
└── lockzhiner
    ├── LICENSE
    ├── README_zh.md
    └── rk2206

2 directories, 2 files
```

图 3.1.3　vendor 文件夹

在 vendor/lockzhiner/rk2206 目录下创建 config.json 文件，具体内容如下：

```json
{
    "product_name": "lockzhiner-rk2206",
    "ohos_version": "OpenHarmony 3.0",
    "device_company": "rockchip",
    "board": "rk2206",
    "kernel_type": "liteos_m",
    "kernel_version": "1.0.1",
    "subsystems": [
      {
        "subsystem": "applications",
        "components": [
          { "component": "wifi_iot_sample_app", "features":[] }
        ]
      },
      {
        "subsystem": "iot_hardware",
        "components": [
          { "component": "iot_controller", "features":[] }
        ]
      },
      {
        "subsystem": "hiviewdfx",
        "components": [
          { "component": "hilog_lite", "features":[] },
          { "component": "hievent_lite", "features":[] },
          { "component": "blackbox", "features":[] },
          { "component": "hidumper_mini", "features":[] }
        ]
      },
      {
        "subsystem": "distributed_schedule",
        "components": [
          { "component": "samgr_lite", "features":[] }
        ]
      },
      {
        "subsystem": "security",
        "components": [
          { "component": "hichainsdk", "features":[] },
          { "component": "huks", "features":
            [
              "disable_huks_binary = false",
              "disable_authenticate = false",
              "huks_use_lite_storage = true",
              "huks_use_hardware_root_key = true",
              "huks_config_file = \"hks_config_lite.h\""
            ]
          }
        ]
      },
      {
        "subsystem": "startup",
        "components": [
          { "component": "bootstrap_lite", "features":[] },
          { "component": "syspara_lite", "features":[] }
```

```
      ]
    },
    {
      "subsystem": "communication",
      "components": [
        { "component": "wifi_lite", "features":[ ] },
        { "component": "softbus_lite", "features":[ ] },
        { "component": "wifi_aware", "features":[ ]}
      ]
    },
    {
      "subsystem": "iot",
      "components": [
        { "component": "iot_link", "features":[ ] }
      ]
    },
    {
      "subsystem": "utils",
      "components": [
        { "component": "file", "features":[ ] },
        { "component": "kv_store", "features":[ ] },
        { "component": "os_dump", "features":[ ] }
      ]
    },
    {
      "subsystem": "vendor",
      "components": [
        { "component": "rk2206_sdk", "target": "//device/rockchip/rk2206/sdk_liteos_wifiiot_sdk", "features":[ ] }
      ]
    },
    {
      "subsystem": "test",
      "components": [
        { "component": "xts_acts", "features":[ ] },
        { "component": "xts_tools", "features":[ ] }
      ]
    }
  ],
  "vendor_adapter_dir": "//device/rockchip/rk2206/adapter",
  "third_party_dir": "//third_party",
  "rk_third_party_dir": "//device/rockchip/rk2206/third_party",
  "product_adapter_dir": "//vendor/lockzhiner/rk2206/hals",
  "ohos_product_type":"",
  "ohos_manufacture":"",
  "ohos_brand":"",
  "ohos_market_name":"",
  "ohos_product_series":"",
  "ohos_product_model":"",
  "ohos_software_model":"",
  "ohos_hardware_model":"",
  "ohos_hardware_profile":"",
  "ohos_serial":"",
  "ohos_bootloader_version":"",
  "ohos_secure_patch_level":"",
  "ohos_abi_list":""
}
```

创建 BUILD.gn 文件，具体内容如下：

```
# Copyright (c) 2022 FuZhou Lockzhiner Electronic Co., Ltd. All rights reserved.
# Licensed under the Apache License, Version 2.0 (the "License");
# you may not use this file except in compliance with the License.
# You may obtain a copy of the License at
#
#     http://www.apache.org/licenses/LICENSE-2.0
#
# Unless required by applicable law or agreed to in writing, software
# distributed under the License is distributed on an "AS IS" BASIS,
# WITHOUT WARRANTIES OR CONDITIONS OF ANY KIND, either express or implied.
# See the License for the specific language governing permissions and
# limitations under the License.

group("rk2206") {
}
```

10. 编译工程

在 OpenHarmony 主目录下，配置编译主目录，输入命令：

```
hb set -root
```

选择编译工程，输入命令：

```
hb set
```

选择 lockzhiner-rk2206 编译工程，如图 3.1.4 所示。

```
[OHOS INFO] hb root path: /svn/mouxian/svn/lockzhiner-rk2206-openharmony3.0lts
OHOS Which product do you need?  (Use arrow keys)
lockzhiner
 > lockzhiner-rk2206
```

图 3.1.4　选择 lockzhiner-rk2206 编译工程

编译工程，输入命令：

```
hb build -f
```

编译完成后，出现如图 3.1.5 所示信息表示编译成功。

```
[OHOS INFO] [830/834] STAMP obj/device/rockchip/rk2206/sdk_liteos/sdk.stamp
[OHOS INFO] [831/834] STAMP obj/device/rockchip/rk2206/sdk_liteos/wifiiot_sdk.stamp
[OHOS INFO] [832/834] STAMP obj/build/lite/ohos.stamp
[OHOS INFO] [833/834] ACTION //device/rockchip/rk2206/sdk_liteos:liteos(//build/lite/toolchain:arm-none-eabi-gcc)
[OHOS INFO] [834/834] STAMP obj/device/rockchip/rk2206/sdk_liteos/liteos.stamp
[OHOS INFO] /svn/mouxian/svn/lockzhiner-rk2206-openharmony3.0lts/vendor/lockzhiner/rk2206/fs.yml not found, stop pa
es not need to be packaged, ignore it.
[OHOS INFO] lockzhiner-rk2206 build success
[OHOS INFO] cost time: 0:00:03
```

图 3.1.5　编译成功

编译后，相关镜像文件在 out/rk2206/lockzhiner-rk2206/images/ 目录下，如图 3.1.6 所示。

```
-rw-rw-r-- 1 lingzhi lingzhi 2097152 4月  12 10:16 Firmware.img
-rw-rw-r-- 1 lingzhi lingzhi      16 4月  12 10:16 Firmware.md5
-rw-rw-r-- 1 lingzhi lingzhi   35093 4月  12 10:16 rk2206_db_loader.bin
```

图 3.1.6　相关文件

注意：如果在上述命令的运行过程中出现错误，则可以输入：

```
python3 -m pip install build/lite
```

3.2 轻量级内核移植测试

3.2.1 测试目的

为了测试轻量级内核移植是否正常，本节用一个小程序测试调试串口和 LiteOS 任务管理。

3.2.2 程序设计

为了完成内核移植测试的目的，在 main() 函数中调用一个 task_example() 函数，创建两个任务：一个任务每隔 1s 打印一次"Hello World"字符串；另一个任务每隔 2s 打印一次"Hello OpenHarmony"字符串。下面具体说明程序设计步骤。

1. 创建 a0_hello_world 文件夹

在 OpenHarmony 源代码主目录 vendor/lockzhiner/rk2206/samples 下创建 a0_hello_world 文件夹。

2. 创建 hello_world.c 文件

在 a0_hello_world 文件夹下创建 hello_world.c 文件。其中，task_example() 函数负责创建两个任务，分别为 task_helloworld 和 task_openharmony，task_helloworld 负责每隔 1s 打印一次"Hello World"字符串的任务，task_openharmony 负责每隔 2s 打印一次"Hello OpenHarmony"字符串的任务。具体代码如下。

```
#include "los_task.h"                           // OpenHarmony LiteOS 的任务管理头文件
/****************************************************************
 * 函数名称: task_helloworld
 * 说    明: 线程函数 helloworld
 * 参    数: 无
 * 返 回 值: 无
 ****************************************************************/
void task_helloworld()
{
    while (1)
    {
        printf("Hello World\n");
        /* 睡眠 1s,该函数为 OpenHarmony LiteOS 内核睡眠函数,单位:ms */
        LOS_Msleep(1000);
    }
}

/****************************************************************
 * 函数名称: task_openharmony
 * 说    明: 线程函数
 * 参    数: 无
 * 返 回 值: 无
 ****************************************************************/
```

```c
void task_openharmony()
{
    while (1)
    {
        printf("Hello OpenHarmony\n");
        /* 睡眠1s,该函数为OpenHarmony内核睡眠函数,单位:ms */
        LOS_Msleep(2000);
    }
}

/******************************************************************
* 函数名称: task_example
* 说    明: 内核任务创建例程
* 参    数: 无
* 返 回 值: 无
******************************************************************/
void task_example()
{
    /* 任务id */
    unsigned int thread_id1;
    unsigned int thread_id2;
    /* 任务参数 */
    TSK_INIT_PARAM_S task1 = {0};
    TSK_INIT_PARAM_S task2 = {0};
    /* 返回值 */
    unsigned int ret = LOS_OK;

    /* 创建HelloWorld任务 */
    task1.pfnTaskEntry = (TSK_ENTRY_FUNC)task_helloworld;    // 运行函数入口
    task1.uwStackSize = 2048;                                // 堆栈大小
    task1.pcName = "task_helloworld";                        // 函数注册名称
    task1.usTaskPrio = 24;                                   // 任务的优先级,为0~63
    ret = LOS_TaskCreate(&thread_id1, &task1);               // 创建任务
    if (ret != LOS_OK)
    {
        printf("Failed to create task_helloworld ret:0x%x\n", ret);
        return;
    }

    task2.pfnTaskEntry = (TSK_ENTRY_FUNC)task_openharmony;   // 运行函数入口
    task2.uwStackSize = 2048;                                // 堆栈大小
    task2.pcName = "task_openharmony";                       // 函数注册名称
    task2.usTaskPrio = 25;                                   // 任务的优先级,为0~63
    ret = LOS_TaskCreate(&thread_id2, &task2);               // 创建任务
    if (ret != LOS_OK)
    {
        printf("Failed to create task_openharmony ret:0x%x\n", ret);
        return;
    }
}
```

3. 创建BUILD.gn

在a0_hello_world文件夹下创建BUILD.gn文件。BUILD.gn负责将hello_world.c文件编译成静态库libtask_helloworld.a。BUILD.gn的语法为gn语法,对gn语法感兴趣的读者可以访问gn官网阅读相关文档,具体代码如下:

```
static_library("task_helloworld") {
    sources = [
        "hello_world.c",
    ]

    include_dirs = [
        "//utils/native/lite/include",
    ]
}
```

4. 修改 main.c 文件

修改 OpenHarmony 主目录 device/rockchip/rk2206/sdk_liteos/board 文件夹下的 main.c。该文件为 OpenHarmony 操作系统的主函数。在 main.c 文件中添加运行 hello_world.c 文件的 task_example()函数,具体代码如下:

```c
#include "los_tick.h"
#include "los_task.h"
#include "los_config.h"
#include "los_interrupt.h"
#include "los_debug.h"
#include "los_compiler.h"
#include "lz_hardware.h"
#include "config_network.h"

#define MAIN_TAG                        "MAIN"
int DeviceManagerStart();
void IotInit(void);
void task_example();                    // 声明 task_example 函数

/*****************************************************************
Function    : main
Description : Main function entry
Input       : None
Output      : None
Return      : None
*****************************************************************/
LITE_OS_SEC_TEXT_INIT int Main(void)
{
    int ret;
    LZ_HARDWARE_LOGD(MAIN_TAG, "%s: enter...", __func__);

    HalInit();

    ret = LOS_KernelInit();
    if (ret == LOS_OK) {
        IotInit();
        task_example();                 // 调用 task_example 函数
        OHOS_SystemInit();
        ClkDevInit();
        /* 开启驱动管理服务 */
        //DeviceManagerStart();
        //ExternalTaskConfigNetwork();
        LZ_HARDWARE_LOGD(MAIN_TAG, "%s: LOS_Start...", __func__);
        LOS_Start();                    // 开启 OpenHarmony 操作系统
    }
```

```
    while (1) {
        __asm volatile("wfi");
    }
}
```

5. 修改 Makefile

修改 OpenHarmony 主目录 device/rockchip/rk2206/sdk_liteos 文件夹下的 Makefile 文件。该 Makefile 文件负责将编译好的静态库和可执行文件打包成 bin 文件。将固件库 libtask_helloworld.a 添加到 Makefile 中，让其最终编译成 bin 文件，具体修改如下：

```
###########################################
# LDFLAGS
###########################################
LDSCRIPT = board.ld

boot_LIBS = -lbootstrap -lbroadcast
hardware_LIBS = -lhal_iothardware -lhardware -ltask_helloworld
```

在 Makefile 文件的 hardware_LIBS 变量中添加-ltask_helloworld。

6. 修改 BUILD.gn

修改 OpenHarmony 主目录 device/rockchip/rk2206/sdk_liteos 文件夹下的 BUILD.gn。该 BUILD.gn 文件负责编译各个组件，包括静态库 task_helloworld，具体代码如下：

```
import("//build/lite/config/component/lite_component.gni")
import("//build/lite/config/subsystem/lite_subsystem.gni")

declare_args() {
  enable_hos_vendor_wifiiot_xts = false
}

lite_subsystem("wifiiot_sdk") {
  subsystem_components = [ ":sdk" ]
}

build_ext_component("liteos") {
  exec_path = rebase_path(".", root_build_dir)
  outdir = rebase_path(root_out_dir)
  command = "sh ./build.sh $outdir"
  deps = [
    ":sdk",
    "//build/lite:ohos",
  ]
  if (enable_hos_vendor_wifiiot_xts) {
    deps += [ "//build/lite/config/subsystem/xts:xts" ]
  }
}

lite_component("sdk") {
  features = []
  deps = [
    "//device/rockchip/rk2206/sdk_liteos/board:board",
    "//device/rockchip/hardware:hardware",
    # xts
```

```
            "//device/rockchip/rk2206/adapter/hals/update:hal_update_static",
            # xts
            "//base/update/ota_lite/frameworks/source:hota",
            "../third_party/littlefs:lzlittlefs",
            "//build/lite/config/component/cJSON:cjson_static",
            "../third_party/lwip:rk2206_lwip",
            "//kernel/liteos_m/components/net/lwip-2.1:lwip",
            "//vendor/lockzhiner/rk2206/samples:app",
            "//third_party/paho_mqtt:pahomqtt_static",
            "//vendor/lockzhiner/rk2206/hdf_config:hdf_config",
            "//vendor/lockzhiner/rk2206/hdf_drivers:hdf_drivers",
            "//drivers/adapter/khdf/liteos_m/test/sample_driver:sample_driver",
            "//vendor/lockzhiner/rk2206/samples/a0_hello_world:task_helloworld",
        ]
}
```

注意：倒数第 3 行内容就是添加 task_helloworld。其中，":"前面为需要编译的路径，"//"表示 OpenHarmony 源代码主目录；":"后面为需要编译的选项，即//vendor/lockzhiner/rk2206/samples/a0_hello_world/BUILD.gn 文件中的编译选项。

3.2.3 编译程序

终端命令行回到 OpenHarmony 主目录。

1. 设置主目录路径

输入以下命令：

```
hb set -root
```

2. 设置编译项目

输入以下命令：

```
hb set
```

选择 lockzhiner-rk2206 项目，具体如图 3.2.1 所示。

```
[OHOS INFO] hb root path: /svn/mouxian/svn/lockzhiner-rk2206-openharmony3.0lts
OHOS Which product do you need?  (Use arrow keys)

 lockzhiner
  > lockzhiner-rk2206
```

图 3.2.1 选择项目

3. 编译 OpenHarmony

输入以下命令：

```
hb build -f
```

编译结束后，结果如图 3.2.2 所示。

```
[OHOS INFO] [830/834] STAMP obj/device/rockchip/rk2206/sdk_liteos/sdk.stamp
[OHOS INFO] [831/834] STAMP obj/device/rockchip/rk2206/sdk_liteos/wifiiot_sdk.stamp
[OHOS INFO] [832/834] STAMP obj/build/lite/ohos.stamp
[OHOS INFO] [833/834] ACTION //device/rockchip/rk2206/sdk_liteos(//build/lite/toolchain:arm-none-eabi-gcc)
[OHOS INFO] [834/834] STAMP obj/device/rockchip/rk2206/sdk_liteos/liteos.stamp
[OHOS INFO] /svn/mouxian/svn/lockzhiner-rk2206-openharmony3.0lts/vendor/lockzhiner/rk2206/fs.yml not found, stop pa
es not need to be packaged, ignore it.
[OHOS INFO] lockzhiner-rk2206 build success
[OHOS INFO] cost time: 0:00:03
```

图 3.2.2 编译结果

4. 烧写程序

烧写程序步骤请参考第 2 章内容,此处不再赘述。

3.2.4 实验结果

设备重新上电后,调试串口显示如下信息表示移植成功。

```
entering kernel init...
[IOT:D]IotInit: start ...
hilog will init.
[MAIN:D]Main: LOS_Start ...
Entering scheduler
[IOT:D]IotProcess: start ...
Hello World success.
Hello OpenHarmony
Hello World
Hello OpenHarmony
Hello World
Hello World
Hello OpenHarmony
Hello World
Hello World
Hello OpenHarmony
Hello World
Hello World
Hello OpenHarmony
Hello World
Hello World
```

3.3 思考和练习

(1) OpenHarmony 操作系统是由哪些操作系统组成?为什么要区分 L1、L2 和 L3?

(2) Linux、LiteOS-M 和 LiteOS-A 分别是什么?它们有什么区别?

(3) LiteOS 是什么操作系统?有什么特点?支持哪些功能?

(4) LiteOS 系统移植和其他轻量级系统移植有什么区别?

(5) 简述 OpenHarmony 轻量级操作系统的架构。

(6) 基于 RK2206 芯片的 OpenHarmony 移植有哪些步骤?有哪些注意事项?

(7) 根据轻量级内核移植章节内容,下载 OpenHarmony 源代码,移植 LiteOS 系统,并进行编译。

(8) 根据轻量级内核移植测试章节内容,编写测试程序和编译程序,并进行烧写测试。

第 4 章 内核基础应用

4.1 任务

4.1.1 任务的概念

任务是系统运行的最小运行单元,任务可以单独使用或者等待 CPU、内存空间等系统资源,并且独立于其他任务运行。用户可以通过创建多个任务,实现任务间的切换,实现不同的业务需求。任务具有如下特点。

(1) 支持多个任务。

(2) 采用抢占式调度机制,高优先级的任务可以打断低优先级的任务,低优先级的任务只有当高优先级的任务阻塞或者结束后才能得到调度。

(3) 相同优先级的任务支持时间片轮转调度。

(4) 支持 32 个优先级(0~31),0 为最高优先级,31 为最低优先级。

4.1.2 任务的状态

LiteOS 系统中的任务状态分为以下 4 种。

1. 就绪态

该任务在就绪队列中,等待 CPU 调度。

2. 运行态

该任务正在运行过程中。

3. 阻塞态

该任务不在就绪队列中,有几种情况:任务被挂起,任务被延时,任务正在等待信号量、读写队列或者等待事件等。

4. 退出态

该任务运行完成,等待系统回收资源,如图 4.1.1 所示。

4.1.3 程序设计

任务模块提供如表 4.1.1 所示的几类功能接口用于任务管理。

视频讲解

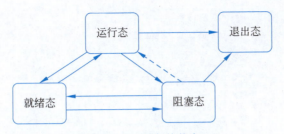

图 4.1.1 任务的状态

表 4.1.1 任务管理功能接口

分 类	接 口 名	描 述
创建和删除任务	LOS_TaskCreate	创建任务,并使该任务进入就绪态,如果就绪队列中没有更高优先级的任务,则执行该任务;否则,等待高优先级任务执行完成
	LOS_TaskDelete	删除指定任务
控制任务状态	LOS_TaskResume	恢复挂起的任务,使该任务进入就绪状态
	LOS_TaskSuspend	挂起指定的任务

以下实例创建两个任务:第一个任务 1s 执行一次打印日志;第二个任务 2s 执行一次打印日志。

1. 任务初始化

分别设置两个任务的任务结构体:任务函数句柄、堆栈大小、任务名称及优先级,程序代码如下:

```
void task_example()
{
    unsigned int thread_id1;
    unsigned int thread_id2;
    TSK_INIT_PARAM_S task1 = {0};
    TSK_INIT_PARAM_S task2 = {0};
    unsigned int ret = LOS_OK;

    task1.pfnTaskEntry = (TSK_ENTRY_FUNC)task_one;
    task1.uwStackSize = 2048;
    task1.pcName = "Task_One";
    task1.usTaskPrio = 24;
    ret = LOS_TaskCreate(&thread_id1, &task1);
    if (ret != LOS_OK)
    {
        printf("Failed to create Task_One ret:0x%x\n", ret);
        return;
    }
    task2.pfnTaskEntry = (TSK_ENTRY_FUNC)task_two;
    task2.uwStackSize = 2048;
    task2.pcName = "Task_Two";
```

```
    task2.usTaskPrio = 25;
    ret = LOS_TaskCreate(&thread_id2, &task2);
    if (ret != LOS_OK)
    {
        printf("Failed to create Task_Two ret:0x%x\n", ret);
        return;
    }
}
```

2. 任务函数

编写任务 1 函数,程序代码如下:

```
void task_one()
{
    while (1)
    {
        printf("This is %s\n", __func__);
        LOS_Msleep(1000);
    }
}
```

编写任务 2 函数,程序代码如下:

```
void task_two()
{
    while (1)
    {
        printf("This is %s\n", __func__);
        LOS_Msleep(2000);
    }
}
```

4.1.4 实验结果

程序编译烧写到开发板后,按下开发板的 RESET 按键,通过串口软件查看日志,具体内容如下:

```
This is task_one
This is task_one
This is task_two
This is task_one
This is task_one
This is task_two
```

4.2 队列

4.2.1 队列的概念

队列又称为消息队列,是一种常用于任务间通信的数据结构,队列可以在任务与任务、任务与中断之间传递消息,并接收来自其他任务或者中断的不固定长度的消息。任务能够从队列中读取消息,当队列中的消息为空时,挂起读取任务;当队列中有新消息时,挂起的读取任务被唤醒并处理新消息。任务也能够向队列中写入消息,当队列已经写满消息时,挂起写入任务;当队列中有空闲消息节点时,挂起的写入任务被唤醒并写入消息。如果将读队列和写队列的超时时间设置为 0,则不会挂起任务,接口会直接返回,这就是非阻塞模式。

队列中可以存储有限的、大小固定的数据项目。任务与任务、中断与任务之间要传递的数据保存在队列中,叫作队列项目。队列所能保存的最大数据项目数量叫作队列的长度,创建队列时需要指定数据项目的大小和队列的长度。

1. 队列的特点

(1) 消息以先进先出的方式排队,支持异步读写。
(2) 读队列和写队列都支持超时机制。
(3) 每读取一条消息,就会将该消息节点设置为空闲。
(4) 发送消息类型由通信双方约定,可以允许不同长度(不超过队列的消息节点大小)的消息。
(5) 一个任务能够从任意一个消息队列接收和发送消息。
(6) 多个任务能够从同一个消息队列接收和发送消息。
(7) 创建队列时所需的队列空间,默认支持接口内系统自行动态申请内存的方式,同时也支持将用户分配的队列空间作为接口入参传入的方式。

2. 创建队列

在图 4.2.1 中,任务 A 和任务 B 要进行通信,任务 A 要发送的消息就是 x 变量的值。首先,先创建一个队列,并指定队列的长度和每条消息的长度。这里创建了一个长度为 5 的队列。

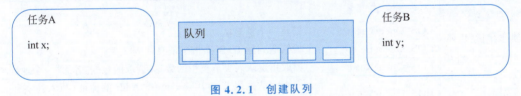

图 4.2.1　创建队列

向队列写入第一个数据,如图 4.2.2 所示。

图 4.2.2　向队列写入第一个数据

在图 4.2.2 中,任务 A 中给变量 x 赋值为 10,然后将这个值发送到消息队列中。此时队列剩余的长度就为 4 了。

向队列写入第二个数据,如图 4.2.3 所示。

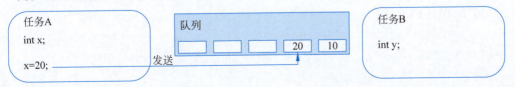

图 4.2.3　向队列写入第二个数据

在图 4.2.3 中,任务 A 再次给变量 x 赋值为 20,然后将这个值发送到消息队列中。写入的第一个值保留在队列的最前面,新值插入在队列的末尾,此时队列剩余的长度就为 3 了。

任务 B 从队列中读取数据、读取的是队列最前面的数值(即数值 10),如图 4.2.4 所示。

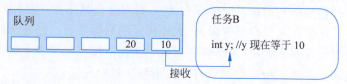

图 4.2.4 从队列中读取数据

在图 4.2.4 中,任务 B 从队列中读取消息,并将读取到的消息赋值给变量 y,这样 y 就等于 10 了。此时队列长度变为 4,如图 4.2.5 所示。

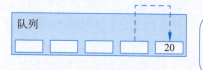

图 4.2.5 队列长度变为 4

4.2.2 程序设计

队列模块提供如表 4.2.1 所示几类功能接口用于管理队列。

表 4.2.1 队列管理功能接口

分　类	接　口　名	描　　述
创建/删除队列	LOS_QueueCreate	创建一个消息队列
	LOS_QueueDelete	根据队列的 ID 删除指定消息队列
读/写队列(不带副本)	LOS_QueueRead	读取指定队列头节点中的数据(读取的数据实际是一个地址)
	LOS_QueueWrite	向指定队列尾节点中写入 bufferAddr 的地址(写入的实际是一个地址)
读/写队列(带副本)	LOS_QueueReadCopy	读取指定队列头节点中的数据
	LOS_QueueWriteCopy	向指定队列尾节点中写入 bufferAddr 中保存的数据

以下实例创建一个队列、两个任务:任务 1 调用写队列接口发送消息,任务 2 调用读队列接口接收消息。

1. 创建队列、任务

定义一个队列全局变量。

```
static unsigned int m_msg_queue;
```

创建一个名为 queue 的队列,指定队列的长度为 MSG_QUEUE_LENGTH,指定队列节点大小为 BUFFER_LEN。

```
{
ret = LOS_QueueCreate("queue",MSG_QUEUE_LENGTH,&m_msg_queue,0,BUFFER_LEN);
    if (ret != LOS_OK)
    {
```

```
        printf("Failed to create Message Queue ret:0x%x\n", ret);
        return;
    }
}
```

创建两个任务,分别设置两个任务的任务结构体:任务函数句柄、堆栈大小、任务名称以及优先级。任务 1 为写队列函数,任务 2 为读队列函数。

```
{
    unsigned int thread_id1;
    unsigned int thread_id2;
    TSK_INIT_PARAM_S task1 = {0};
    TSK_INIT_PARAM_S task2 = {0};

    task1.pfnTaskEntry = (TSK_ENTRY_FUNC)msg_write_thread;
    task1.uwStackSize = 2048;
    task1.pcName = "msg_write_thread";
    task1.usTaskPrio = 24;
    ret = LOS_TaskCreate(&thread_id1, &task1);
    if (ret != LOS_OK)
    {
        printf("Failed to create msg_write_thread ret:0x%x\n", ret);
        return;
    }

    task2.pfnTaskEntry = (TSK_ENTRY_FUNC)msg_read_thread;
    task2.uwStackSize = 2048;
    task2.pcName = "msg_read_thread";
    task2.usTaskPrio = 25;
    ret = LOS_TaskCreate(&thread_id2, &task2);
    if (ret != LOS_OK)
    {
        printf("Failed to create msg_read_thread ret:0x%x\n", ret);
        return;
    }
}
```

2. 写队列任务函数

写队列任务函数间隔 1s,使用阻塞等待的方式向队列中写入一个数据。

```
{
    unsigned int data = 0;
    unsigned int ret = LOS_OK;

    while (1)
    {
        data++;
        ret = LOS_QueueWrite(m_msg_queue, (void *)&data, sizeof(data), LOS_WAIT_FOREVER);
        if (LOS_OK != ret)
        {
            printf("%s write Message Queue msg fail ret:0x%x\n", __func__, ret);
        }
        else
        {
            printf("%s write Message Queue msg:%u\n", __func__, data);
        }
```

```
        /* delay 1s */
        LOS_Msleep(1000);
    }
}
```

3. 读队列任务函数

读队列任务函数,使用阻塞的方式等待队列消息。当队列中没有消息时,阻塞等待消息到来;当队列中有消息时,读取该消息。

```
{
    unsigned int addr;
    unsigned int ret = LOS_OK;
    unsigned int * pData = NULL;

    while (1)
    {
        /* wait for message */
        ret = LOS_QueueRead(m_msg_queue, (void *)&addr, BUFFER_LEN, LOS_WAIT_FOREVER);
        if (ret == LOS_OK)
        {
            pData = addr;
            printf("%s read Message Queue msg:%u\n", __func__, *pData);
        }
        else
        {
            printf("%s read Message Queue fail ret:0x%x\n", __func__, ret);
        }
    }
}
```

4.2.3 实验结果

程序编译烧写到开发板后,按下开发板的 RESET 按键,通过串口软件查看日志,具体内容如下:

```
msg_write_thread write Message Queue msg:1
msg_read_thread read Message Queue msg:1
msg_write_thread write Message Queue msg:2
msg_read_thread read Message Queue msg:2
msg_write_thread write Message Queue msg:3
msg_read_thread read Message Queue msg:3
```

4.3 信号量

4.3.1 信号量的概念

信号量是一种实现任务间通信的机制,在多任务中普遍使用。信号量常被用来控制对共享资源的访问,同时也被用来作为任务之间的同步。

信号量像是一种上锁机制,代码必须获得对应的钥匙才能继续执行。一旦获得了钥匙,就意味着该任务具有进入被锁部分代码的权限。一旦执行被锁代码段,则任务需要一直等待,直到对应被锁部分代码的钥匙被再次释放才能继续执行。

任务可以利用信号量完成与中断服务程序同步或者与其他任务的同步。当中断服务程序执行时,可以通过给任务发送信号量来告诉该任务它感兴趣的某个事件发生了。在发送完信号量后,中断服务程序退出。紧接着,调度器会根据接收信号任务的优先级完成调度。最后,接收到信号量的任务可以进行中断服务或者对事件做出回应。如果可能,则推荐在任务中进行中断服务,因为这样做会大大缩减中断的时间,也更容易调试代码。

4.3.2 程序设计

信号量模块提供如表 4.3.1 所示的几类功能接口用于管理信号量。

表 4.3.1 信号量管理功能接口

分　类	接 口 名	描　述
创建和删除信号量	LOS_SemCreate	创建信号量,返回信号量 ID
	LOS_SemDelete	删除指定的信号量
申请和释放信号量	LOS_SemPend	申请指定的信号量,并设置超时时间
	LOS_SemPost	释放指定的信号量

以下实例创建 1 个信号量和 3 个任务,通过信号量控制不同的任务,实现任务间的同步。

1. 创建信号量、任务

定义 1 个信号量全局变量。

```
static unsigned int m_sem;
```

创建 1 个信号量,指定信号量数量为 MAX_COUNT。

```
{
    ret = LOS_SemCreate(MAX_COUNT, &m_sem);
    if (ret != LOS_OK)
    {
        printf("Failed to create Semaphore\n");
        return;
    }
}
```

创建 3 个任务,分别设置 3 个任务的任务结构体:任务函数句柄、堆栈大小、任务名称及优先级。任务 1 为信号量控制函数,任务 2 和任务 3 为两个信号量函数。

```
{
    unsigned int thread_crtl;
    unsigned int thread_id1;
    unsigned int thread_id2;
    TSK_INIT_PARAM_S task1 = {0};
    TSK_INIT_PARAM_S task2 = {0};
    TSK_INIT_PARAM_S task3 = {0};
    unsigned int ret = LOS_OK;

    task1.pfnTaskEntry = (TSK_ENTRY_FUNC)control_thread;
```

```
    task1.uwStackSize = 2048;
    task1.pcName = "control_thread";
    task1.usTaskPrio = 24;
    ret = LOS_TaskCreate(&thread_crtl, &task1);
    if (ret != LOS_OK)
    {
        printf("Failed to create control_thread ret:0x%x\n", ret);
        return;
    }

    task2.pfnTaskEntry = (TSK_ENTRY_FUNC)sem_one_thread;
    task2.uwStackSize = 2048;
    task2.pcName = "sem_one_thread";
    task2.usTaskPrio = 24;
    ret = LOS_TaskCreate(&thread_id1, &task2);
    if (ret != LOS_OK)
    {
        printf("Failed to create sem_one_thread ret:0x%x\n", ret);
        return;
    }

    task3.pfnTaskEntry = (TSK_ENTRY_FUNC)sem_two_thread;
    task3.uwStackSize = 2048;
    task3.pcName = "sem_two_thread";
    task3.usTaskPrio = 24;
    ret = LOS_TaskCreate(&thread_id2, &task3);
    if (ret != LOS_OK)
    {
        printf("Failed to create sem_two_thread ret:0x%x\n", ret);
        return;
    }
}
```

2. 信号量控制函数

信号量控制函数通过1s释放不同次数的信号量,从而来控制两个信号量函数的同步和交替运行。当释放两次信号量时,两个信号量函数同步执行;当只释放一次信号量时,两个信号量函数交替执行。

```
{
    unsigned int count = 0;

    while (1)
    {
        /*释放两次信号量,sem_one_thread和sem_two_thread同步执行;
        释放一次信号量,sem_one_thread和sem_two_thread交替执行*/
        if (count++ % 3)
        {
            LOS_SemPost(m_sem);
            printf("control_thread Release once Semaphore\n");
        }
        else
        {
            LOS_SemPost(m_sem);
            LOS_SemPost(m_sem);
            printf("control_thread Release twice Semaphore\n");
```

```
        }
        LOS_Msleep(1000);
    }
}
```

3. 信号量函数

两个信号量函数采用阻塞等待的方式,等待申请信号量。当没有信号量释放时,任务阻塞等待信号量;当获得信号量时,任务得到执行。

```
void sem_one_thread()
{
    while (1)
    {
        /*申请信号量*/
        LOS_SemPend(m_sem, LOS_WAIT_FOREVER);

        printf("sem_one_thread get Semaphore\n");
        LOS_Msleep(100);
    }
}
void sem_two_thread()
{
    while (1)
    {
        /*申请信号量*/
        LOS_SemPend(m_sem, LOS_WAIT_FOREVER);

        printf("sem_two_thread get Semaphore\n");
        LOS_Msleep(100);
    }
}
```

4.3.3 实验结果

程序编译烧写到开发板后,按下开发板的 RESET 按键,通过串口软件查看日志,具体内容如下:

```
control_thread Release once Semaphore
sem_one_thread get Semaphore
control_thread Release once Semaphore
sem_two_thread get Semaphore
control_thread Release twice Semaphore
sem_two_thread get Semaphore
sem_one_thread get Semaphore
```

4.4 事件

4.4.1 事件的概念

事件是一种实现任务间通信的机制,可以用于任务间的同步,前面我们学习了使用信号量来完成任务间的同步,但是只能是单个事件或任务进行同步。事件能实现多个任务的同步,但是事件通信只能是事件类型的通信,无数据传输。

在多任务环境下,任务之间往往需要同步操作,即不同任务进行下一步程序时,需等待其他任务完成某项操作后一同执行下一步程序。事件可以提供一对多、多对多的同步操作。

一对多同步模型:一个任务等待多个事件的触发。可以是任意一个事件发生时唤醒任务处理事件,也可以是几个事件都发生后才唤醒任务处理事件。

多对多同步模型:多个任务等待多个事件的触发。

1. 事件的特点

(1) 任务通过创建事件控制块来触发事件或等待事件。

(2) 事件间相互独立,内部实现为一个 32 位无符号整型,每一位标识一种事件类型。第 25 位不可用,因此最多可支持 31 种事件类型。

(3) 事件仅用于任务间的同步,不提供数据传输功能。

(4) 多次向事件控制块写入同一事件类型,在被清零前等效于只写入一次。

(5) 多个任务可以对同一事件进行读写操作。

(6) 支持事件读写超时机制。

2. 事件的 3 种读取模式

(1) 所有事件(LOS_WAITMODE_AND):逻辑与,基于接口传入的事件类型掩码 eventMask,只有这些事件都已经发生才能读取成功,否则该任务将阻塞等待或者返回错误码。

(2) 任一事件(LOS_WAITMODE_OR):逻辑或,基于接口传入的事件类型掩码 eventMask,只要这些事件中有任一种事件发生就可以读取成功,否则该任务将阻塞等待或者返回错误码。

(3) 清除事件(LOS_WAITMODE_CLR):一种附加读取模式,需要与所有事件模式或任一事件模式结合使用(LOS_WAITMODE_AND | LOS_WAITMODE_CLR 或 LOS_WAITMODE_OR | LOS_WAITMODE_CLR)。在这种模式下,当设置的所有事件模式或任一事件模式读取成功后,会自动清除事件控制块中对应的事件类型位。

4.4.2 程序设计

事件模块提供如表 4.4.1 所示的几类功能接口用于管理事件。

表 4.4.1 事件管理功能接口

分 类	接 口 名	描 述
初始化/销毁事件	LOS_EventInit	初始化事件控制块
	LOS_EventDestroy	销毁指定的事件控制块
读/写事件	LOS_EventRead	读取指定的事件类型
	LOS_EventWrite	写指定的事件类型
清除事件	LOS_EventClear	清除指定的事件类型

以下实例创建一个事件和两个任务:任务 1 调用读事件接口等待事件通知,任务 2 调用写事件接口通知任务 1 事件到达。

1. 创建事件、任务

定义一个事件全局变量。

```
static EVENT_CB_S m_event;                //创建一个事件
{
    ret = LOS_EventInit(&m_event);
    if (ret != LOS_OK)
    {
        printf("Failed to create EventFlags\n");
        return;
    }
}
```

创建两个任务,分别设置两个任务的任务结构体:任务函数句柄、堆栈大小、任务名称以及优先级。任务1为读事件任务,任务2为写事件任务。

```
{
    unsigned int thread_id1;
    unsigned int thread_id2;
    TSK_INIT_PARAM_S task1 = {0};
    TSK_INIT_PARAM_S task2 = {0};
    unsigned int ret = LOS_OK;

    task1.pfnTaskEntry = (TSK_ENTRY_FUNC)event_master_thread;
    task1.uwStackSize = 2048;
    task1.pcName = "event_master_thread";
    task1.usTaskPrio = 5;
    ret = LOS_TaskCreate(&thread_id1, &task1);
    if (ret != LOS_OK)
    {
        printf("Failed to create event_master_thread ret:0x%x\n", ret);
        return;
    }

    task2.pfnTaskEntry = (TSK_ENTRY_FUNC)event_slave_thread;
    task2.uwStackSize = 2048;
    task2.pcName = "event_slave_thread";
    task2.usTaskPrio = 5;
    ret = LOS_TaskCreate(&thread_id2, &task2);
    if (ret != LOS_OK)
    {
        printf("Failed to create event_slave_thread ret:0x%x\n", ret);
        return;
    }
}
```

2. 读事件任务函数

读事件任务函数采用阻塞等待的方式,等待事件到达。当没有事件时,阻塞任务等待事件到达;当事件到达时,执行之后的任务。

```
{
    unsigned int event;
```

```
    while (1)
    {
        /* 阻塞方式读事件,等待事件到达 */
        event = LOS_EventRead(&m_event, EVENT_WAIT, LOS_WAITMODE_AND, LOS_WAIT_FOREVER);
        printf("%s read event:0x%x\n", __func__, event);
        LOS_Msleep(1000);
    }
}
```

3. 写事件任务函数

写事件任务函数间隔 2s 写入一次事件,实现任务的同步,2s 后清除该事件。

```
{
    unsigned int ret = LOS_OK;

    LOS_Msleep(1000);

    while (1)
    {
        printf("%s write event:0x%x\n", __func__, EVENT_WAIT);
        ret = LOS_EventWrite(&m_event, EVENT_WAIT);
        if (ret != LOS_OK) {
            printf("%s write event failed ret:0x%x\n", __func__, ret);
        }

        /* delay 2s */
        LOS_Msleep(2000);
        LOS_EventClear(&m_event, ~m_event.uwEventID);
    }
}
```

4.4.3 实验结果

程序编译烧写到开发板后,按下开发板的 RESET 按键,通过串口软件查看日志,具体内容如下:

```
event_master_thread write event:0x1
event_slave_thread read event:0x1
event_slave_thread read event:0x1
event_master_thread write event:0x1
event_slave_thread read event:0x1
event_slave_thread read event:0x1
```

4.5 互斥锁

4.5.1 互斥锁的概念

互斥锁又称互斥型信号量,是一种特殊的二值性信号量,用于实现对临界资源的独占式处理。任意时刻互斥锁只有两种状态:开锁或闭锁。当任务持有某一个互斥锁时,这个任务获得该互斥锁的所有权,互斥锁处于闭锁状态。当该任务释放锁后,任务失去该互斥锁的所有权,互斥锁处于开锁状态。当一个任务持有互斥锁时,其他任务不能再对该互斥锁进行开锁或持有。

多任务环境下会存在多个任务访问同一公共资源的场景,而有些公共资源是非共享的临界资源,只能被独占使用。使用互斥锁就能避免这种冲突。

使用互斥锁处理临界资源的同步访问时,如果有任务访问该资源,则互斥锁为加锁状态。此时其他任务如果想访问这个临界资源则会被阻塞,直到持有该互斥锁的任务释放后,其他任务才能重新访问该公共资源,此时互斥锁再次上锁,如此确保同一时刻只有一个任务正在访问这个临界资源,从而保证了临界资源操作的完整性。如图 4.5.1 所示为互斥锁运作示意图。

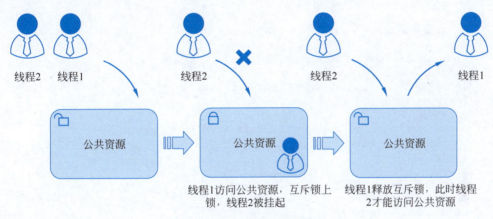

图 4.5.1 互斥锁运作示意图

4.5.2 程序设计

互斥锁模块提供如表 4.5.1 所示的几类功能接口用于管理互斥锁。

表 4.5.1 互斥锁管理功能接口

分 类	接 口 名	描 述
创建/删除互斥锁	LOS_MuxCreate	创建互斥锁
	LOS_MuxDelete	删除指定的互斥锁
申请/释放互斥锁	LOS_MuxPend	申请指定的互斥锁
	LOS_MuxPost	释放指定的互斥锁

以下实例创建一个互斥锁,用于两个任务间对同一个数据资源操作的完整性保护。

1. 创建互斥锁、任务

定义一个互斥锁全局变量。

```
static unsigned int m_mutex_id;
```

创建一个互斥锁。

```
{
    ret = LOS_MuxCreate(&m_mutex_id);
    if (ret != LOS_OK)
    {
```

```
        printf("Failed to create Mutex\n");
    }
}
```

创建两个任务,分别设置两个任务的任务结构体:任务函数句柄、堆栈大小、任务名称及优先级。任务 1 为写任务,任务 2 为读任务。

```
{
    unsigned int thread_id1;
    unsigned int thread_id2;
    TSK_INIT_PARAM_S task1 = {0};
    TSK_INIT_PARAM_S task2 = {0};
    unsigned int ret = LOS_OK;

    task1.pfnTaskEntry = (TSK_ENTRY_FUNC)write_thread;
    task1.uwStackSize = 2048;
    task1.pcName = "write_thread";
    task1.usTaskPrio = 24;
    ret = LOS_TaskCreate(&thread_id1, &task1);
    if (ret != LOS_OK)
    {
        printf("Failed to create write_thread ret:0x%x\n", ret);
        return;
    }

    task2.pfnTaskEntry = (TSK_ENTRY_FUNC)read_thread;
    task2.uwStackSize = 2048;
    task2.pcName = "read_thread";
    task2.usTaskPrio = 25;
    ret = LOS_TaskCreate(&thread_id2, &task2);
    if (ret != LOS_OK)
    {
        printf("Failed to create read_thread ret:0x%x\n", ret);
        return;
    }
}
```

2. 写任务函数

写任务获取互斥锁,并对数据进行操作,持有该互斥锁 3s 后,释放该互斥锁。

```
{
    while (1)
    {
        LOS_MuxPend(m_mutex_id, LOS_WAIT_FOREVER);

        m_data++;
        printf("write_thread write data: %u\n", m_data);

        LOS_Msleep(3000);
        LOS_MuxPost(m_mutex_id);
    }
}
```

3. 读任务函数

读任务延时 1s,迟于写任务启动,读任务获取互斥锁,由于此时写任务持有互斥锁,所有读任务阻塞等待互斥锁释放；等到写任务释放互斥锁,读任务退出等待状态,持有互斥锁,并读取数据,1s后释放该互斥锁。

```
{
    /* delay 1s */
    LOS_Msleep(1000);

    while (1)
    {
        LOS_MuxPend(m_mutex_id, LOS_WAIT_FOREVER);
        printf("read_thread read data: % u\n", m_data);

        LOS_Msleep(1000);
        LOS_MuxPost(m_mutex_id);
    }
}
```

4.5.3 实验结果

程序编译烧写到开发板后,按下开发板的 RESET 按键,通过串口软件查看日志,具体内容如下:

```
write_thread write data:1
read_thread read data:1
write_thread write data:2
read_thread read data:2
write_thread write data:3
read_thread read data:3
```

4.6 软件定时器

4.6.1 软件定时器的概念

软件定时器是基于系统 Tick 时钟的中断,由软件模拟的定时器,当经过设定的 Tick 数量后,会触发用户自定义的回调函数。硬件定时器受硬件的限制,数量上可能不足以满足用户的实际需求,因此,为了满足客户需求,提供了更多的软件定时器。

1. 软件定时器的 3 种状态

(1) OS_SWTMR_STATUS_UNUSED(定时器未使用):系统在定时器模块初始化时,会将系统中所有定时器资源初始化成该状态。

(2) OS_SWTMR_STATUS_TICKING(定时器处于计数状态):在定时器创建后调用 LOS_SwtmrStart 接口启动,定时器将变成该状态,是定时器运行时的状态。

(3) OS_SWTMR_STATUS_CREATED(定时器创建后未启动,或已停止):定时器创建后,不处于计数状态时,定时器将变成该状态。

2. 软件定时器的 3 种模式

(1) 单次触发定时器,这类定时器在启动后只会触发一次定时器事件,然后定时器自动删除。

（2）周期触发定时器，这类定时器会周期性地触发定时器事件，直到用户手动停止定时器，否则将永远持续执行下去。

（3）单次触发定时器，但这类定时器超时触发后不会自动删除，需要调用定时器删除接口删除定时器。

4.6.2 程序设计

软件定时器模块提供表 4.6.1 所示的几类功能接口用于管理软件定时器。

表 4.6.1 软件定时器管理功能接口

分 类	接 口 名	描 述
创建和删除定时器	LOS_SwtmrCreate	创建定时器，设置定时器的定时时长、定时器模式、回调函数，并返回定时器 ID
	LOS_SwtmrDelete	删除定时器
启动和停止定时器	LOS_SwtmrStart	启动定时器
	LOS_SwtmrStop	停止定时器

以下实例创建两个软件定时器，并且设置两个软件定时使用两个定时器回调函数，启动软件定时器。

1. 创建软件定时器

创建两个软件定时器，指定定时器 1 超时时间为 1000，定时器模式为周期触发模式；指定定时器 2 超时时间为 2000，定时器模式为周期触发模式。创建完成后，启动两个定时器。

```
{
    unsigned int timer_id1, timer_id2;
    unsigned int ret;

    ret = LOS_SwtmrCreate(1000, LOS_SWTMR_MODE_PERIOD, timer1_timeout, &timer_id1, NULL);
    if (ret == LOS_OK)
    {
        ret = LOS_SwtmrStart(timer_id1);
        if (ret != LOS_OK)
        {
            printf("start timer1 fail ret:0x % x\n", ret);
            return;
        }
    }
    else
    {
        printf("create timer1 fail ret:0x % x\n", ret);
        return;
    }

    ret = LOS_SwtmrCreate(2000, LOS_SWTMR_MODE_PERIOD, timer2_timeout, &timer_id2, NULL);
    if (ret == LOS_OK)
    {
        ret = LOS_SwtmrStart(timer_id2);
        if (ret != LOS_OK)
        {
            printf("start timer2 fail ret:0x % x\n", ret);
            return;
```

```
        }
    }
    else
    {
        printf("create timer2 fail ret:0x%x\n"), ret;
        return;
    }
}
```

2. 定时器超时回调函数

超时回调函数的具体内容如下：

```
void timer1_timeout(void *arg)
{
    printf("This is Timer1 Timeout function\n");
}

void timer2_timeout(void *arg)
{
    printf("This is Timer2 Timeout function\n");
}
```

4.6.3 实验结果

程序编译烧写到开发板后，按下开发板的 RESET 按键，通过串口软件查看日志，具体内容如下：

```
This is Timer1 Timeout function
This is Timer1 Timeout function
This is Timer2 Timeout function
This is Timer1 Timeout function
This is Timer1 Timeout function
This is Timer2 Timeout function
```

4.7 中断

在程序运行过程中，当出现需要由 CPU 立即处理的事务时，CPU 会暂时中止当前程序的执行转而处理这个事务，这个过程叫作中断。当硬件产生中断时，通过中断号查找到其对应的中断处理程序，执行中断处理程序完成中断处理。通过中断机制，在外设不需要 CPU 介入时，CPU 可以执行其他任务；当外设需要 CPU 时，CPU 会中断当前任务来响应中断请求。这样可以使 CPU 避免把大量时间耗费在等待、查询外设状态的操作上，有效提高了系统的实时性及执行效率。

4.7.1 中断的概念

1. 中断号

中断请求信号特定的标志，计算机能够根据中断号判断是哪个设备提出的中断请求。

2. 中断请求

"紧急事件"向 CPU 提出申请（发一个电脉冲信号），请求中断，需要 CPU 暂停当前执行的任务处理该"紧急事件"，这一过程称为中断请求。

3. 中断优先级

为使系统能够及时响应并处理所有中断，系统根据中断事件的重要性和紧迫程度，将中断源分为若干级别，称作中断优先级。

4. 中断处理程序

当外设发出中断请求后，CPU 暂停当前的任务，转而响应中断请求，即执行中断处理程序。产生中断的每个设备都有相应的中断处理程序。

5. 中断触发

中断源向中断控制器发送中断信号，中断控制器对中断进行仲裁，确定优先级，将中断信号发送给 CPU。中断源产生中断信号时，会将中断触发器置 1，表明该中断源产生了中断，要求 CPU 去响应该中断。

6. 中断向量

中断服务程序的入口地址。

7. 中断向量表

存储中断向量的存储区，中断向量与中断号对应，中断向量在中断向量表中按照中断号顺序存储，如表 4.7.1 所示。

表 4.7.1 接口说明

功能分类	接口名	描述
创建、删除中断	HalHwiCreate	创建中断，注册中断号、中断触发模式、中断优先级、中断处理程序。中断被触发时，会调用该中断处理程序
	HalHwiDelete	根据指定的中断号删除中断
打开、关闭中断	LOS_IntUnLock	开中断，使能当前处理器所有中断响应
	LOS_IntLock	关中断，关闭当前处理器所有中断响应
	LOS_IntRestore	恢复到使用 LOS_IntLock、LOS_IntUnLock 操作之前的中断状态

4.7.2 开发流程

1. 调用中断创建接口

HalHwiCreate 创建中断。

2. 调用 TestHwiTrigger

调用 TestHwiTrigger 触发指定中断（该接口在测试套中定义，通过写中断控制器的相关寄存器模拟外部中断，一般的外设设备，不需要执行这一步）。

3. 调用 HalHwiDelete

调用 HalHwiDelete 删除指定中断（该接口根据实际情况使用，判断是否需要删除中断）。

4. 编程实例

编程实例如下：

```c
#include "los_interrupt.h"
/*创建中断*/
#define HWI_NUM_TEST 7
STATIC VOID HwiUsrIrq(VOID)
{
    printf("in the func HwiUsrIrq \n");
}
static UINT32 Example_Interrupt(VOID)
{
    UINT32 ret;
    HWI_PRIOR_T hwiPrio = 3;
    HWI_MODE_T mode = 0;
    HWI_ARG_T arg = 0;
    /*创建中断*/
    ret = HalHwiCreate(HWI_NUM_TEST, hwiPrio, mode,
    (HWI_PROC_FUNC)HwiUsrIrq, arg);
    if(ret == LOS_OK){
        printf("Hwi create success!\n");
    } else {
        printf("Hwi create failed!\n");
        return LOS_NOK;
    }
    /* 延时 50 个 Ticks,当有硬件中断发生时,会调用函数 HwiUsrIrq*/
    LOS_TaskDelay(50);
    /*删除中断*/
    ret = HalHwiDelete(HWI_NUM_TEST);
    if(ret == LOS_OK){
        printf("Hwi delete success!\n");
    } else {
        printf("Hwi delete failed!\n");
        return LOS_NOK;
    }
    return LOS_OK;
}
```

5. 实验结果

实验结果如下:

```
Hwi create success!
Hwi delete success!
```

4.8 内存管理

4.8.1 内存管理的概念

内存管理模块管理系统的内存资源,它是操作系统的核心模块之一,主要包括内存的初始化、分配以及释放。在系统运行过程中,内存管理模块通过对内存的申请/释放来管理用户和操作系统对内存的使用,使内存的利用率和使用效率达到最优,同时最大限度地解决系统的内存碎片问题。

4.8.2 静态内存

1. 运行机制

静态内存实质上是一个静态数组,静态内存池内的块大小在初始化时设定,初始化后块大小不可变更。静态内存池由一个控制块 LOS_MEMBOX_INFO 和若干相同大小的内存块 LOS_MEMBOX_NODE 构成。控制块位于内存池头部,用于内存块管理,包含内存块大小 uwBlkSize、内存块数量 uwBlkNum、已分配使用的内存块数量 uwBlkCnt 和空闲内存块链表 stFreeList。内存块的申请和释放以块大小为粒度,每个内存块包含指向下一个内存块的指针 pstNext。

2. 接口说明

接口说明如表 4.8.1 所示。

表 4.8.1 接口说明

功能分类	接口名	描述
初始化静态内存池	LOS_MemboxInit	初始化一个静态内存池,根据入参设定其起始地址、总大小及每个内存块大小
清除静态内存块内容	LOS_MemboxClr	清零从静态内存池中申请的静态内存块的内容
申请、释放静态内存	LOS_MemboxAlloc	从指定的静态内存池中申请一块静态内存块
	LOS_MemboxFree	释放从静态内存池中申请的一块静态内存块
获取、打印静态内存池信息	LOS_MemboxStatisticsGet	获取指定静态内存池的信息,包括内存池中总内存块数量、已经分配出去的内存块数量、每个内存块的大小
	LOS_ShowBox	打印指定静态内存池所有节点信息(打印等级是 LOS_INFO_LEVEL),包括内存池起始地址、内存块大小、总内存块数量、每个空闲内存块的起始地址、所有内存块的起始地址

3. 编程实例

(1) 初始化一个静态内存池。
(2) 从静态内存池中申请一块静态内存。
(3) 在内存块存放一个数据。
(4) 打印出内存块中的数据。
(5) 清除内存块中的数据。
(6) 释放该内存块。

4. 示例代码

示例代码如下:

```
#include "los_membox.h"
VOID Example_StaticMem(VOID)
{
    UINT32 *mem = NULL;
    UINT32 blkSize = 10;
    UINT32 boxSize = 100;
    UINT32 boxMem[1000];
```

```
    UINT32 ret;
    /*内存池初始化*/
    ret = LOS_MemboxInit(&boxMem[0], boxSize, blkSize);
    if(ret != LOS_OK) {
        printf("Membox init failed!\n");
        return;
    } else {
        printf("Membox init success!\n");
    }
    /*申请内存块*/
    mem = (UINT32 *)LOS_MemboxAlloc(boxMem);
    if (NULL == mem) {
        printf("Mem alloc failed!\n");
        return;
    }
    printf("Mem alloc success!\n");
    /*赋值*/
    *mem = 828;
    printf("*mem = %d\n", *mem);
    /*清除内存内容*/
    LOS_MemboxClr(boxMem, mem);
    printf("Mem clear success \n *mem = %d\n", *mem);
    /*释放内存*/
    ret = LOS_MemboxFree(boxMem, mem);
    if (LOS_OK == ret) {
        printf("Mem free success!\n");
    } else {
        printf("Mem free failed!\n");
    }
    return;
}
```

5. 运行结果

运行结果如下：

```
Membox init success!
Mem alloc success!
*mem = 828
Mem clear success
*mem = 0
Mem free success!
```

4.8.3 动态内存

1. 运行机制

动态内存管理，即在内存资源充足的情况下，根据用户需求，从系统配置的一块比较大的连续内存（内存池，也是堆内存）中分配任意大小的内存块。当用户不需要该内存块时，可以将其释放回系统供下一次使用。与静态内存相比，动态内存管理的优点是按需分配，缺点是内存池中容易出现碎片。

2. 接口说明

接口说明如表4.8.2所示。

表 4.8.2　接口说明

功能分类	接口名	描述
初始化和删除内存池	LOS_MemInit	初始化一块指定的动态内存池,大小为 size
	LOS_MemDeInit	删除指定内存池,仅打开 LOSCFG_MEM_MUL_POOL 时有效
申请、释放动态内存	LOS_MemAlloc	从指定动态内存池中申请 size 长度的内存
	LOS_MemFree	释放从指定动态内存中申请的内存
	LOS_MemRealloc	按 size 大小重新分配内存块,并将原内存块内容复制到新内存块。如果新内存块申请成功,则释放原内存块
	LOS_MemAllocAlign	从指定动态内存池中申请长度为 size 且地址按 boundary 字节对齐的内存
获取内存池信息	LOS_MemPoolSizeGet	获取指定动态内存池的总大小
	LOS_MemTotalUsedGet	获取指定动态内存池的总使用量大小
	LOS_MemInfoGet	获取指定内存池的内存结构信息,包括空闲内存大小、已使用内存大小、空闲内存块数量、已使用的内存块数量、最大的空闲内存块大小
获取内存池信息	LOS_MemPoolList	打印系统中已初始化的所有内存池,包括内存池的起始地址、内存池大小、空闲内存总大小、已使用内存总大小、最大的空闲内存块大小、空闲内存块数量、已使用的内存块数量。仅在打开 LOSCFG_MEM_MUL_POOL 时有效
检测指定内存池的完整性	LOS_MemIntegrityCheck	对指定内存池做完整性检查,仅在打开 LOSCFG_BASE_MEM_NODE_INTEGRITY_CHECK 时有效
增加非连续性内存区域	LOS_MemRegionsAdd	支持多段非连续性内存区域,把非连续性内存区域逻辑上整合为一个统一的内存池。仅在打开 LOSCFG_MEM_MUL_REGIONS 时有效。如果内存池指针参数 pool 为空,则使用多段内存的第一段初始化为内存池,其他内存区域作为空闲节点插入;如果内存池指针参数 pool 不为空,则把多段内存作为空闲节点,插入指定的内存池

3. 编程步骤

（1）初始化一个动态内存池。

（2）从动态内存池中申请一个内存块。

（3）在内存块中存放一个数据。

（4）打印出内存块中的数据。

（5）释放该内存块。

4. 示例代码

示例代码如下：

```
#include "los_memory.h"
VOID Example_DynMem(VOID)
{
    UINT32 *mem = NULL;
    UINT32 ret;
```

```
    /*初始化内存池*/
    ret = LOS_MemInit(g_testPool, TEST_POOL_SIZE);
    if (LOS_OK == ret) {
        printf("Mem init success!\n");
    } else {
        printf("Mem init failed!\n");
        return;
    }
    /*分配内存*/
    mem = (UINT32 *)LOS_MemAlloc(g_testPool, 4);
    if (NULL == mem) {
        printf("Mem alloc failed!\n");
        return;
    }
    printf("Mem alloc success!\n");
    /*赋值*/
    *mem = 828;
    printf("*mem = %d\n", *mem);
    /*释放内存*/
    ret = LOS_MemFree(g_testPool, mem);
    if (LOS_OK == ret) {
        printf("Mem free success!\n");
    } else {
        printf("Mem free failed!\n");
    }
    return;
}
```

5. 运行结果

运行结果如下：

```
Mem init success!
Mem alloc success!
*mem = 828
Mem free success!
```

4.9 文件读写

4.9.1 文件的概念

视频讲解

文件是一个重要的概念，它提供了存储和访问信息的一种基本方式。文件是存储在存储介质上的一组相关信息的集合，是具体的数据或信息的载体。文件是逻辑存储单位，通过操作系统对存储设备的物理属性加以抽象而定义。文件通常表示程序和数据，是位、字节、行或记录的序列，其含义由文件的创建者和用户定义。文件信息由创建者定义，可以存储许多不同类型的信息，并且文件结构可以根据需要进行不同的组织方式，如无结构、简单记录结构或复杂结构等。

4.9.2 程序设计

文件读写模块提供如表 4.9.1 所示的几类功能接口用于文件读写操作。

表 4.9.1 文件操作接口

功能分类	接口名	描述
打开关闭文件	HalFileOpen	打开/创建文件
	HalFileClose	关闭文件
	HalFileDelete	删除文件
读写文件	HalFileRead	从文件中读取一段内容
	HalFileWrite	将一段内容写入文件
操作文件	HalFileStat	获取文件大小
	HalFileSeek	文件标记移动

以下实例在系统开机,LiteOS 系统进行初始化,进入主程序后先创建一个文件操作任务,用于操作文件;任务启动后先打开一个文件,如果该文件不存在则创建并打开。任务中采用循环的方式,对打开的文件进行读写操作。

1. 创建文件操作任务

```
{
    unsigned int thread_id;
    TSK_INIT_PARAM_S task = {0};
    unsigned int ret = LOS_OK;

    task.pfnTaskEntry = (TSK_ENTRY_FUNC)hal_file_thread;
    task.uwStackSize = 1024 * 10;
    task.pcName = "hal_file_thread";
    task.usTaskPrio = 25;
    ret = LOS_TaskCreate(&thread_id, &task);
    if (ret != LOS_OK)
    {
        printf("Falied to create hal_file_thread ret:0x % x\n", ret);
        return;
    }
}
```

2. 文件操作任务处理函数

任务处理函数先将光标移动到文件开始位置,从文件中读取内容,然后将光标重新移动到文件开始位置,向文件写入内容。

```
{
    int fd;
    char buffer[1024];
    int read_length, write_length;
    int current = 0;

    /* 打开文件,如没有该文件则创建,如有该文件则打开
     * O_TRUNC_FS => 清空文件内容
     */
    //fd = HalFileOpen(FILE_NAME, O_RDWR_FS | O_CREAT_FS, 0);
    fd = HalFileOpen(FILE_NAME, O_RDWR_FS | O_CREAT_FS | O_TRUNC_FS, 0);
    if (fd == -1)
    {
        printf(" % s HalFileOpen failed!\n", FILE_NAME);
        return;
    }
```

```
    while (1)
    {
        /* 文件位置移动到文件开始位置 */
        HalFileSeek(fd, 0, SEEK_SET);
        memset(buffer, 0, sizeof(buffer));
        /* 读取文件内容 */
        read_length = HalFileRead(fd, buffer, sizeof(buffer));
        printf("read: \n");
        printf(" length = %d\n", read_length);
        printf(" content = %s\n", buffer);

        /* 文件位置移动到文件开始位置 */
        HalFileSeek(fd, 0, SEEK_SET);
        memset(buffer, 0, sizeof(buffer));
        snprintf(buffer, sizeof(buffer), "Hello World(%d) => ", current);
        /* 写入文件 */
        write_length = HalFileWrite(fd, buffer, strlen(buffer));

        current++;
        LOS_Msleep(5000);
    }

    HalFileClose(fd);
}
```

4.9.3 实验结果

程序编译烧写到开发板后，按下开发板的 RESET 按键，通过串口软件查看日志。

```
HalFileInit: Flash Init Successful!
read:
    length = 0
    content =
read:
    length = 18
    content = Hello World(0) =>
read:
    length = 18
    content = Hello World(1) =>
```

4.10 思考和练习

(1) OpenHarmony 系统的任务管理模块提供了哪些接口和功能？
(2) OpenHarmony 系统创建任务需要哪些参数？分别表示什么？
(3) OpenHarmony 系统任务之间的数据同步方式有几种？分别是什么？
(4) OpenHarmony 系统信号量和事件有什么区别？两者分别应用于什么场景？
(5) OpenHarmony 系统软件定时器和中断有什么区别？两者分别应用于什么场景？

(6) OpenHarmony 系统如何实现任务的延时操作？
(7) OpenHarmony 系统的 Tick 机制是如何运行的？
(8) OpenHarmony 系统的内存管理模块提供了哪些接口和功能？
(9) 设计并编写一个程序，实现如下功能：
创建两个任务和一个文件，任务一和任务二随机读写文件，程序设计需要避免两个任务读写文件互不冲突。

第 3 篇

外设实战篇

- 第 5 章 基础外设应用
- 第 6 章 物联网应用

第 5 章 基础外设应用

5.1 点亮 LED 灯

在嵌入式开发中，I/O 口的高低电平控制是最简单的外设控制之一。本节通过一个典型的点亮 LED 灯实验，带大家开启 OpenHarmony 基础外设开发之旅。通过本节的学习，可以了解 RK2206 芯片的 I/O 口控制使用方法。

RK2206 芯片可以提供多达 32 个双向 GPIO 口，它们分别分布在 PA～PD 这 4 个端口中，每个端口有 8 个 GPIO，每个 GPIO 口都可以承受最大 3.3V 的压降。通过 RK2206 芯片寄存器配置，可以将 GPIO 口配置成想要的工作模式。

5.1.1 硬件电路设计

模块硬件电路如图 5.1.1 所示，可以看到 LED 灯引脚连接到 RK2206 芯片的 GPIO0_D3。

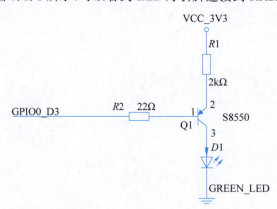

图 5.1.1 模块硬件电路图

5.1.2 程序设计

通过初始化 LED 灯对应的 GPIO 口，然后每隔 1s 控制 GPIO 输出电平点亮或熄灭 LED 灯。

1. 主程序设计

如图 5.1.2 所示为点亮 LED 灯的主程序流程图。LiteOS 系统初始化后，再初始化 LED

灯的 GPIO 口,并使变量 i 为 0,最后进入死循环。死循环中根据变量 i 控制 GPIO 口输出电平,如果 i=0,则输出低电平,设置 i=1;如果 i=1,则输出高电平,设置 i=0;最后睡眠 1s。

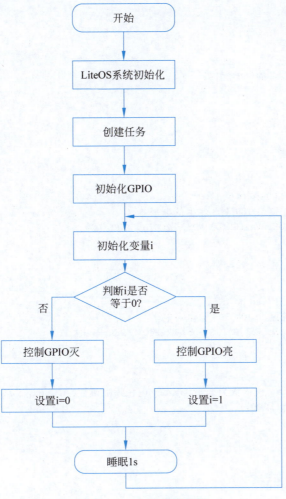

图 5.1.2　主程序流程图

2. GPIO 初始化程序设计

GPIO 初始化程序主要分为 I/O 口初始化和控制 I/O 口输出高电平两部分。

```
void led_init()
{
    /* 配置 GPIO0_PD3 的复用功能寄存器为 GPIO */
    PinctrlSet(GPIO0_PD3, MUX_FUNC0, PULL_KEEP, DRIVE_KEEP);
    /* 初始化 GPIO0_PD3 */
    LzGpioInit(GPIO0_PD3);
    /* 设置 GPIO0_PD3 为输出模式 */
    LzGpioSetDir(GPIO0_PD3, LZGPIO_DIR_OUT);
    /* 设置 GPIO0_PD3 输出低电平 */
    LzGpioSetVal(GPIO0_PD3, LZGPIO_LEVEL_LOW);
}
```

3. GPIO 控制 LED 亮灭程序设计

在死循环中,第 1 秒 LED 灯灭,第 2 秒 LED 灯亮,如此反复。

```
void task_led()
{
    uint8_t i;

    /* 初始化 LED 灯的 GPIO 引脚 */
    led_init();
    i = 0;

    while (1)
    {
        if (i == 0)
        {
            printf("Led Off\n");
            /* 控制 GPIO0_PD3 输出低电平 */
            LzGpioSetVal(GPIO0_PD3, LZGPIO_LEVEL_LOW);
            i = 1;
        }
        else
        {
            printf("Led On\n");
            /* 控制 GPIO0_PD3 输出高电平 */
            LzGpioSetVal(GPIO0_PD3, LZGPIO_LEVEL_HIGH);
            i = 0;
        }

        /* 睡眠 1s。该函数为 OpenHarmony 内核睡眠函数,单位:ms */
        LOS_Msleep(1000);
    }
}
```

5.1.3 实验结果

程序编译烧写到开发板后,按下开发板的 RESET 按键,通过串口软件查看日志,程序代码如下:

```
Led Off
Led On
Led Off
Led On
...
```

5.2 ADC 按键

在嵌入式系统产品开发中,按键板的设计是最基本的,也是项目评估阶段必须要考虑的问题。其实现方式有很多种,具体使用哪一种需要结合可用 I/O 数量和成本,做出最终选择。传统的按键检测方法是一个按键对应一个 GPIO 口,进行高低电平输入检测。可是在

GPIO 口紧缺的情况下,就需要一个有效的解决方案,其中 ADC 检测实现按键功能是一种相对有效的解决方案。

ADC 检测实现简单实用的按键方法:仅需要一个 ADC 和若干电阻就可实现多个按键的输入检测。ADC 检测的工作原理:按下按键时,通过电阻分压得到不同的电压值,ADC 采集在各个范围内的值来判定是哪个按键被按下。

5.2.1 硬件电路设计

模块整体硬件电路图如图 5.2.1 所示,电路中包含了 1 个 ADC 引脚和 4 个按键,USER_KEY_ADC 引脚连接到 RK2206 芯片的 GPIO0_C5。

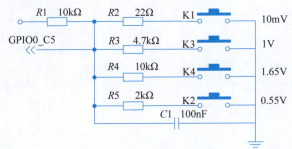

图 5.2.1 模块整体硬件电路图

其中,4 个按键分别连接不同的电阻。当按键被按下时,USER_KEY_ADC 检测到不同的电压。按键对应电压表如表 5.2.1 所示。

表 5.2.1 按键对应电压表

序 号	按 键	电压/V
1	K1	0.01
2	K2	0.55
3	K3	1.00
4	K4	1.65

5.2.2 程序设计

ADC 按键程序每 1s 通过 GPIO0_PC5 读取一次按键电压,通过电压数值判断当前是哪个按键被按下,并打印出该按键名称。

1. 主程序设计

如图 5.2.2 所示为 ADC 按键主程序流程图,开机 LiteOS 系统初始化后,进入主程序,先初始化 ADC 设备。程序进入主循环,1s 获取一次 ADC 采样电压,判断:

(1) 若采样电压为 0~0.11V,则当前是按下 K1,打印按键 Key1;

(2) 若采样电压为 0.45~0.65V,则当前是按下 K2,打印按键 Key2;

(3) 若采样电压为 0.9~1.1V,则当前是按下 K3,打印按键 Key3;

(4) 若采样电压为 1.55~1.75V,则当前是按下 K4,打印按键 Key4;

(5) 当前无按键。

视频讲解

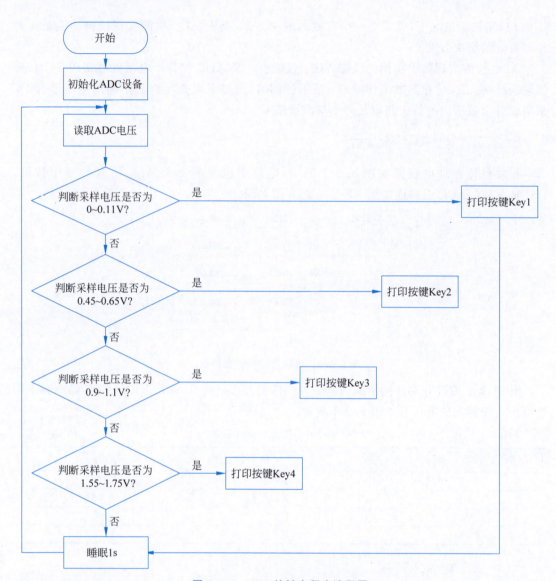

图 5.2.2　ADC 按键主程序流程图

```
void adc_process()
{
    float voltage;

    /* 初始化 ADC 设备 */
    adc_dev_init();

    while (1)
    {
        printf("*************** Adc Example *************\r\n");
        /* 获取电压值 */
        voltage = adc_get_voltage();
        printf("vlt: %.3fV\n", voltage);

        if ((0.11 >= voltage) && (voltage >= 0.00))
```

```
        {
            printf("\tKey1\n");
        }
        else if ((0.65 >= voltage) && (voltage >= 0.45))
        {
            printf("\tKey2\n");
        }
        else if ((1.1 >= voltage) && (voltage >= 0.9))
        {
            printf("\tKey3\n");
        }
        else if ((1.75 >= voltage) && (voltage >= 1.55))
        {
            printf("\tKey4\n");
        }

        /* 睡眠 1s */
        LOS_Msleep(1000);
    }
}
```

2. ADC 初始化程序设计

ADC 初始化程序主要分为 ADC 初始化和配置 ADC 参考电压为外部电压两部分。

```
static unsigned int adc_dev_init()
{
    unsigned int ret = 0;
    uint32_t * pGrfSocCon29 = (uint32_t *)(0x41050000U + 0x274U);
    uint32_t ulValue;

    ret = DevIoInit(m_adcKey);
    if (ret != LZ_HARDWARE_SUCCESS)
    {
        printf("%s, %s, %d: ADC Key IO Init fail\n", __FILE__, __func__, __LINE__);
        return __LINE__;
    }
    ret = LzSaradcInit();
    if (ret != LZ_HARDWARE_SUCCESS) {
        printf("%s, %s, %d: ADC Init fail\n", __FILE__, __func__, __LINE__);
        return __LINE__;
    }

    /* 设置 saradc 的电压信号,选择 AVDD */
    ulValue = *pGrfSocCon29;
    ulValue &= ~(0x1 << 4);
    ulValue |= ((0x1 << 4) << 16);
    *pGrfSocCon29 = ulValue;

    return 0;
}
```

3. ADC 读取电压程序设计

RK2206 芯片采用一种逐次逼近寄存器型模数转换器(Successive-Approximation Analog to Digital Converter),是一种常用的 A/D 转换结构,其功耗较低,转换速率较高,在有低功耗要求(可穿戴设备、物联网)的数据采集场景下应用广泛。该 ADC 采用 10 位采样,最高电压为 3.3V。简言之，ADC 采样读取的数据，位 0～位 9 有效，且最高数值 0x400（即 1024）代表实际电压差 3.3V，也就是说，1 个数值等于 3.3V/1024≈0.003223V。

```
static float adc_get_voltage()
{
    unsigned int ret = LZ_HARDWARE_SUCCESS;
    unsigned int data = 0;
    ret = LzSaradcReadValue(ADC_CHANNEL, &data);
    if (ret != LZ_HARDWARE_SUCCESS)
    {
        printf("%s, %s, %d: ADC Read Fail\n", __FILE__, __func__, __LINE__);
        return 0.0;
    }

    return (float)(data * 3.3 / 1024.0);
}
```

5.2.3 实验结果

程序编译烧写到开发板后，按下开发板的 RESET 按键，通过串口软件查看日志，程序代码如下：

```
*************** Adc Example *************
vlt:3.297V
*************** Adc Example *************
vlt:1.67V
    Key4
```

5.3 LCD 显示

LCD 的应用很广泛，简单如手表上的显示屏，仪表仪器上的显示器或者是笔记本电脑上的显示器，都使用了 LCD。在一般的办公设备上也很常见，如传真机、复印机，在一些娱乐器材等上也常常见到 LCD 的身影。

本节使用的 LCD 采用 ST7789V 驱动器，可单片驱动 262K 色图像的 TFT-LCD，包含 720(240×3 色)×320 线输出，可以直接以 SPI 协议，以及 8 位/9 位/16 位/18 位并行连接外部控制器。ST7789V 显示数据存储在片内 240×320×18 位内存中，显示内存的读写不需要外部时钟驱动。关于 ST7789V 驱动器的详细内容可以查看其芯片手册。

5.3.1 硬件电路设计

模块整体硬件电路图如图 5.3.1 所示，电路中包含了电源电路、液晶接口以及小凌派-RK2206 开发板连接的相关引脚。其中，液晶屏 ST7789V 的相关引脚资源如图 5.3.2 所示。

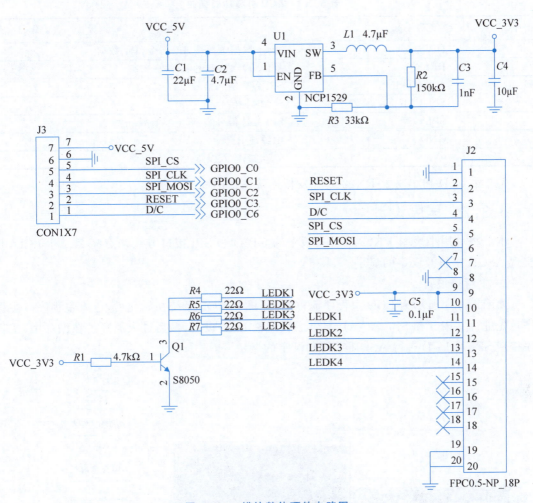

图 5.3.1 模块整体硬件电路图

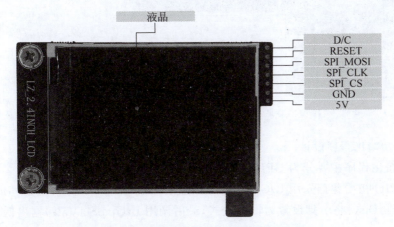

图 5.3.2 液晶屏 ST7789V 的相关引脚资源

LCD 引脚功能描述如表 5.3.1 所示。

表 5.3.1 LCD 引脚功能描述

序 号	LCD 引脚	功 能 描 述
1	D/C	指令/数据选择端,L:指令,H:数据
2	RESET	复位信号线,低电平有效
3	SPI_MOSI	SPI 数据输入信号线
4	SPI_CLK	SPI 时钟信号线
5	SPI_CS	SPI 片选信号线,低电平有效
6	GND	电源地引脚
7	5V	5V 电源输入引脚

2.4 寸 LCD 和小凌派-RK2206 开发板连接图如图 5.3.3 所示。

视频讲解

5.3.2 程序设计

本节将利用小凌派-RK2206 开发板上的 GPIO 和 SPI 接口方式来点亮 2.4 寸 LCD,并实现 ASCII 字符及汉字的显示。

1. 主程序设计

如图 5.3.4 所示为 LCD 主程序流程图,开机 LiteOS 系统初始化后,进入主程序。主程序首先进行 GPIO 和 SPI 总线初始化,然后配置 LCD 设备,最后进入循环。在循环中,主程序控制 SPI 对 LCD 进行 ASCII 字符和汉字的显示。

图 5.3.3 2.4 寸 LCD 和小凌派-RK2206 开发板连接图　　图 5.3.4 LCD 主程序流程图

2. LCD 初始化程序设计

LCD 初始化程序主要分为 GPIO 和 SPI 总线初始化及配置 LCD 两部分。

其中,GPIO 初始化首先用 LzGpioInit()函数将 GPIO0_PC3 初始化为 GPIO 引脚,然后用 LzGpioSetDir()将引脚设置为输出模式,最后调用 LzGpioSetVal()输出低电平。

```
/* 初始化 GPIO0_C3 */
LzGpioInit(LCD_PIN_RES);
```

```
LzGpioSetDir(LCD_PIN_RES, LZGPIO_DIR_OUT);
LzGpioSetVal(LCD_PIN_RES, LZGPIO_LEVEL_HIGH);

/* 初始化 GPIO0_C6 */
LzGpioInit(LCD_PIN_DC);
LzGpioSetDir(LCD_PIN_DC, LZGPIO_DIR_OUT);
LzGpioSetVal(LCD_PIN_DC, LZGPIO_LEVEL_LOW);
```

SPI 初始化首先用 SpiIoInit()函数将 GPIO0_PC0 复用为 SPI0_CS0n_M1，GPIO0_PC1 复用为 SPI0_CLK_M1，GPIO0_PC2 复用为 SPI0_MOSI_M1。其次调用 LzI2cInit()函数初始化 SPI0 端口。

```
LzSpiDeinit(LCD_SPI_BUS);

if (SpiIoInit(m_spiBus) != LZ_HARDWARE_SUCCESS) {
    printf("%s, %d: SpiIoInit failed!\n", __FILE__, __LINE__);
    return __LINE__;
}
if (LzSpiInit(LCD_SPI_BUS, m_spiConf) != LZ_HARDWARE_SUCCESS) {
    printf("%s, %d: LzSpiInit failed!\n", __FILE__, __LINE__);
    return __LINE__;
}
```

配置 LCD 主要是配置 ST7789V 的工作模式，具体代码如下：

```
/* 重启 LCD */
LCD_RES_Clr();
LOS_Msleep(100);
LCD_RES_Set();
LOS_Msleep(100);
LOS_Msleep(500);
lcd_wr_reg(0x11);
/* 等待 LCD 100ms */
LOS_Msleep(100);
/* 启动 LCD 配置,设置显示和颜色配置 */
lcd_wr_reg(0X36);
if (USE_HORIZONTAL == 0)
{
    lcd_wr_data8(0x00);
}
else if (USE_HORIZONTAL == 1)
{
    lcd_wr_data8(0xC0);
}
else if (USE_HORIZONTAL == 2)
{
    lcd_wr_data8(0x70);
}
else
{
    lcd_wr_data8(0xA0);
}
lcd_wr_reg(0X3A);
lcd_wr_data8(0X05);
/* ST7789V 帧刷屏率设置 */
lcd_wr_reg(0xb2);
lcd_wr_data8(0x0c);
```

```
lcd_wr_data8(0x0c);
lcd_wr_data8(0x00);
lcd_wr_data8(0x33);
lcd_wr_data8(0x33);
lcd_wr_reg(0xb7);
lcd_wr_data8(0x35);
/* ST7789V 电源设置 */
lcd_wr_reg(0xbb);
lcd_wr_data8(0x35);
lcd_wr_reg(0xc0);
lcd_wr_data8(0x2c);
lcd_wr_reg(0xc2);
lcd_wr_data8(0x01);
lcd_wr_reg(0xc3);
lcd_wr_data8(0x13);
lcd_wr_reg(0xc4);
lcd_wr_data8(0x20);
lcd_wr_reg(0xc6);
lcd_wr_data8(0x0f);
lcd_wr_reg(0xca);
lcd_wr_data8(0x0f);
lcd_wr_reg(0xc8);
lcd_wr_data8(0x08);
lcd_wr_reg(0x55);
lcd_wr_data8(0x90);
lcd_wr_reg(0xd0);
lcd_wr_data8(0xa4);
lcd_wr_data8(0xa1);
/* ST7789V gamma 设置 */
lcd_wr_reg(0xe0);
lcd_wr_data8(0xd0);
lcd_wr_data8(0x00);
lcd_wr_data8(0x06);
lcd_wr_data8(0x09);
lcd_wr_data8(0x0b);
lcd_wr_data8(0x2a);
lcd_wr_data8(0x3c);
lcd_wr_data8(0x55);
lcd_wr_data8(0x4b);
lcd_wr_data8(0x08);
lcd_wr_data8(0x16);
lcd_wr_data8(0x14);
lcd_wr_data8(0x19);
lcd_wr_data8(0x20);
lcd_wr_reg(0xe1);
lcd_wr_data8(0xd0);
lcd_wr_data8(0x00);
lcd_wr_data8(0x06);
lcd_wr_data8(0x09);
lcd_wr_data8(0x0b);
lcd_wr_data8(0x29);
lcd_wr_data8(0x36);
lcd_wr_data8(0x54);
lcd_wr_data8(0x4b);
lcd_wr_data8(0x0d);
lcd_wr_data8(0x16);
lcd_wr_data8(0x14);
lcd_wr_data8(0x21);
lcd_wr_data8(0x20);
lcd_wr_reg(0x29);
```

3. LCD 的点数据设计

ST7789V 采用 4 线串行 SPI 通信方式,数据位共 16 位,其 RGB 分别是 5 位、6 位和 5 位,也就是共 65K 个颜色,寄存器 3AH 的值设置为 05H。ST7789V 液晶屏 SPI 数据传输时序图如图 5.3.5 所示。

也就是一个像素点的 RGB 为 5 位+6 位+5 位,每个像素点需要占用 2 字节存储空间。因此,向 LCD 发送某个像素信息的程序代码如下:

```c
static void lcd_write_bus(uint8_t dat)
{
    LzSpiWrite(LCD_SPI_BUS, 0, &dat, 1);
}

static void lcd_wr_data(uint16_t dat)
{
    lcd_write_bus(dat >> 8);
    lcd_write_bus(dat);
}

static void lcd_wr_reg(uint8_t dat)
{
    LCD_DC_Clr();
    lcd_write_bus(dat);
    LCD_DC_Set();
}

static void lcd_address_set(uint16_t x1,uint16_t y1,uint16_t x2,uint16_t y2)
{
    /* 列地址设置 */
    lcd_wr_reg(0x2a);
    lcd_wr_data(x1);
    lcd_wr_data(x2);
    /* 行地址设置 */
    lcd_wr_reg(0x2b);
    lcd_wr_data(y1);
    lcd_wr_data(y2);
    /* 写存储器 */
    lcd_wr_reg(0x2c);
}

static void lcd_wr_data(uint16_t dat)
{
    lcd_write_bus(dat >> 8);
    lcd_write_bus(dat);
}

void lcd_draw_point(uint16_t x, uint16_t y, uint16_t color)
{
    /* 设置光标位置 */
    lcd_address_set(x, y, x, y);
    lcd_wr_data(color);
}
```

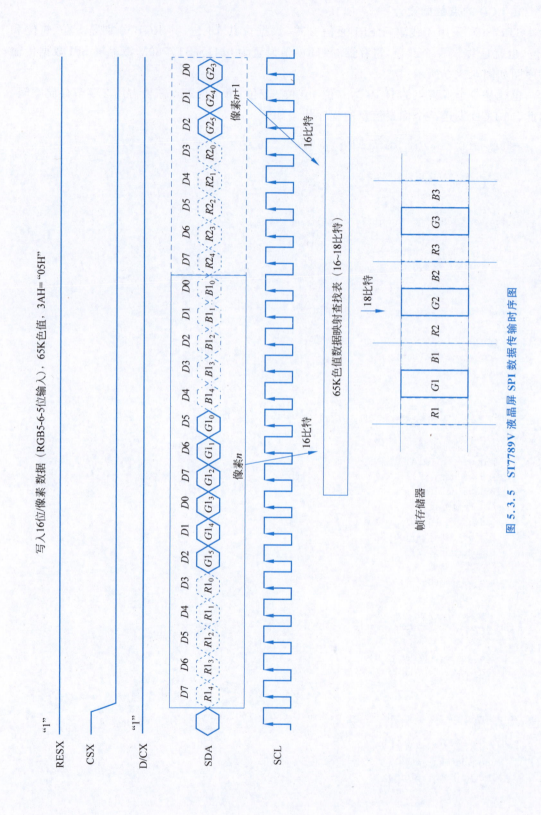

图 5.3.5 ST7789V 液晶屏 SPI 数据传输时序图

4. LCD 的 ASCII 字符显示设计

预先将规定字号的 ASCII 字符的 LCD 像素信息存放于在 lcd_font.h 源代码文件中。LCD 依照 ASCII 的数值来存放像素信息。例如，空格的 ASCII 数值是 0x0，则程序将像素放到第一行像素中，具体代码如下：

```c
/* 12 * 6 的 ASCII 码显示 */
const unsigned char ascii_1206[ ][12] =
{
    {0x00, 0x00, 0x00, 0x00, 0x00, 0x00, 0x00, 0x00, 0x00, 0x00, 0x00, 0x00}, /* " ",0 */
    {0x00, 0x00, 0x04, 0x04, 0x04, 0x04, 0x04, 0x00, 0x04, 0x00, 0x00, 0x00}, /* "!",1 */
    {0x14, 0x14, 0x0A, 0x00, 0x00, 0x00, 0x00, 0x00, 0x00, 0x00, 0x00, 0x00}, /* """,2 */
    {0x00, 0x00, 0x0A, 0x0A, 0x1F, 0x0A, 0x0A, 0x1F, 0x0A, 0x0A, 0x00, 0x00}, /* "#",3 */
    {0x00, 0x04, 0x0E, 0x15, 0x05, 0x06, 0x0C, 0x14, 0x15, 0x0E, 0x04, 0x00}, /* "$",4 */
    ...
};

/* 16 * 8 的 ASCII 码显示 */
const unsigned char ascii_1608[ ][16] =
{
    {0x00, 0x00, 0x00, 0x00, 0x00, 0x00, 0x00, 0x00, 0x00, 0x00, 0x00, 0x00, 0x00, 0x00, 0x00, 0x00}, /* " ",0 */
    {0x00, 0x00, 0x00, 0x08, 0x08, 0x08, 0x08, 0x08, 0x08, 0x08, 0x00, 0x00, 0x18, 0x18, 0x00, 0x00}, /* "!",1 */
    {0x00, 0x48, 0x6C, 0x24, 0x12, 0x00, 0x00, 0x00, 0x00, 0x00, 0x00, 0x00, 0x00, 0x00, 0x00, 0x00}, /* """,2 */
    {0x00, 0x00, 0x00, 0x24, 0x24, 0x24, 0x7F, 0x12, 0x12, 0x12, 0x7F, 0x12, 0x12, 0x12, 0x00, 0x00}, /* "#",3 */
    ... };

/* 24 * 12 的 ASCII 码显示 */
const unsigned char ascii_2412[ ][48] =
{
    {0x00, 0x00, 0x00, 0x00, 0x00, 0x00, 0x00, 0x00, 0x00, 0x00, 0x00, 0x00, 0x00, 0x00,
    0x00, 0x00, 0x00, 0x00, 0x00, 0x00, 0x00, 0x00, 0x00, 0x00, 0x00, 0x00, 0x00, 0x00,
    0x00, 0x00, 0x00, 0x00, 0x00, 0x00, 0x00, 0x00, 0x00, 0x00, 0x00, 0x00, 0x00, 0x00,
    0x00, 0x00, 0x00, 0x00}, /* " ",0 */
    {0x00, 0x00, 0x00, 0x00, 0x00, 0x00, 0x00, 0x00, 0x60, 0x00, 0x60, 0x00, 0x60, 0x00,
    0x60, 0x00, 0x60, 0x00, 0x60, 0x00, 0x60, 0x00, 0x40, 0x00, 0x20, 0x00, 0x20, 0x00, 0x20, 0x00,
    0x00, 0x00, 0x00, 0x00, 0x00, 0x00, 0x60, 0x00, 0x60, 0x00, 0x60, 0x00,
    0x00, 0x00, 0x00, 0x00}, /* "!",1 */
    {0x00, 0x00, 0x00, 0x00, 0x60, 0x06, 0x60, 0x06, 0x30, 0x03, 0x98, 0x01, 0x88, 0x00,
    0x44, 0x00, 0x00, 0x00, 0x00, 0x00, 0x00, 0x00, 0x00, 0x00, 0x00, 0x00, 0x00, 0x00,
    0x00, 0x00, 0x00, 0x00, 0x00, 0x00, 0x00, 0x00, 0x00, 0x00, 0x00, 0x00, 0x00, 0x00,
    0x00, 0x00, 0x00, 0x00}, /* """,2 */
    ...
};
```

当需要将某个字号的 ASCII 字符投射到 LCD 时，程序根据字号大小找到对应的 ASCII 字符像素表，然后根据 ASCII 字符的数值找到对应的像素行，最后将该像素行数据依次通过 SPI 总线发送给 LCD，具体代码如下：

```c
void lcd_show_char(uint16_t x, uint16_t y, uint8_t num, uint16_t fc, uint16_t bc, uint8_t sizey, uint8_t mode)
{
    uint8_t temp,sizex,t,m = 0;
    uint16_t i;
    uint16_t TypefaceNum;                   //一个字符所占字节大小
    uint16_t x0 = x;

    sizex = sizey/2;
    TypefaceNum = (sizex/8 + ((sizex%8)?1:0)) * sizey;

    /* 得到偏移后的值 */
    num = num - ' ';
    /* 设置光标位置 */
    lcd_address_set(x, y, x+sizex-1, y+sizey-1);

    for (i = 0; i < TypefaceNum; i++)
    {
        if (sizey == 12)
        {
            /* 调用6x12字体 */
            temp = ascii_1206[num][i];
        }
        else if (sizey == 16)
        {
            /* 调用8x16字体 */
            temp = ascii_1608[num][i];
        }
        else if (sizey == 24)
        {
            /* 调用12x24字体 */
            temp = ascii_2412[num][i];
        }
        else if (sizey == 32)
        {
            /* 调用16x32字体 */
            temp = ascii_3216[num][i];
        }
        else
        {
            return;
        }

        for (t = 0; t < 8; t++)
        {
            if (!mode)
            {/* 非叠加模式 */
                if (temp & (0x01 << t))
                {
                    lcd_wr_data(fc);
                }
                else
                {
                    lcd_wr_data(bc);
                }

                m++;
                if (m % sizex == 0)
```

```
                {
                    m = 0;
                    break;
                }
            }
            else
            {/* 叠加模式 */
                if (temp & (0x01 << t))
                {
                    /* 画一个点 */
                    lcd_draw_point(x, y, fc);
                }
                x++;
                if ((x - x0) == sizex)
                {
                    x = x0;
                    y++;
                    break;
                }
            }
        }
    }
}
```

5. LCD 的汉字显示设计

原理同上,程序将某一个特定字号的汉字信息存放于一个数据结构体数组中。该数据结构体包含字体编码 Index 和像素数据 Msk,具体代码如下:

```
/* 定义中文字符 12 * 12 */
typedef struct
{
    unsigned char Index[2];
    unsigned char Msk[24];
} typFNT_GB12;

/* 定义中文字符 16 * 16 */
typedef struct
{
    unsigned char Index[2];
    unsigned char Msk[32];
} typFNT_GB16;

/* 定义中文字符 24 * 24 */
typedef struct
{
    unsigned char Index[2];
    unsigned char Msk[72];
} typFNT_GB24;
...
```

通过汉字像素软件将对应的汉字和像素存放于 lcd_font.h 文件中,具体代码如下:

```
const typFNT_GB12 tfont12[ ] =
{
    "小", 0x20, 0x00, 0x20, 0x00, 0x20, 0x00, 0x20, 0x00, 0x24, 0x01, 0x24, 0x02, 0x22, 0x02,
0x22, 0x04, 0x21, 0x04, 0x20, 0x00, 0x20, 0x00, 0x38, 0x00, /*"小"*/
```

```
    "凌", 0x40, 0x00, 0xF9, 0x03, 0x42, 0x00, 0xFC, 0x07, 0x10, 0x01, 0x28, 0x02, 0xE0, 0x01,
0x14, 0x01, 0xAA, 0x00, 0x41, 0x00, 0xB0, 0x01, 0x0C, 0x06, /*"凌"*/

    "派", 0x00, 0x03, 0xF2, 0x00, 0x14, 0x02, 0xD0, 0x01, 0x51, 0x01, 0x52, 0x05, 0x50, 0x03,
0x50, 0x01, 0x54, 0x01, 0x52, 0x02, 0xD1, 0x02, 0x48, 0x04, /*"派"*/
};

const typFNT_GB16 tfont16[ ] =
{
    "小", 0x80, 0x00, 0x80, 0x00, 0x80, 0x00, 0x80, 0x00, 0x80, 0x00, 0x88, 0x08, 0x88, 0x10,
0x88, 0x20, 0x84, 0x20, 0x84, 0x40, 0x82, 0x40, 0x81, 0x40, 0x80, 0x00, 0x80, 0x00, 0xA0,
0x00, 0x40, 0x00, /*"小",0*/

    "凌", 0x00, 0x02, 0x02, 0x02, 0xC4, 0x1F, 0x04, 0x02, 0x00, 0x02, 0xE0, 0x7F, 0x88, 0x08,
0x48, 0x11, 0x24, 0x21, 0x87, 0x0F, 0xC4, 0x08, 0x24, 0x05, 0x04, 0x02, 0x04, 0x05, 0xC4,
0x08, 0x30, 0x30, /*"凌",1*/

    "派", 0x00, 0x10, 0x04, 0x3C, 0xE8, 0x03, 0x28, 0x00, 0x21, 0x38, 0xA2, 0x07, 0xA2, 0x04,
0xA8, 0x44, 0xA8, 0x24, 0xA4, 0x14, 0xA7, 0x08, 0xA4, 0x08, 0xA4, 0x10, 0x94, 0x22, 0x94,
0x41, 0x88, 0x00, /*"派",2*/

};
...
```

当程序需要将某个特定字号的汉字投射到LCD时,程序就根据对应的字号查找对应字号的tfontXX数组,并将对应的像素行数据发送给LCD,具体代码如下:

```
void lcd_show_chinese(uint16_t x, uint16_t y, uint8_t *s, uint16_t fc, uint16_t bc, uint8_t
sizey, uint8_t mode)
{
    uint8_t buffer[128];
    uint32_t buffer_len = 0;
    uint32_t len = strlen(s);

    memset(buffer, 0, sizeof(buffer));
    /* UTF8 格式汉字转换为 ASCII 格式 */
    chinese_utf8_to_ascii(s, strlen(s), buffer, &buffer_len);

    for (uint32_t i = 0; i < buffer_len; i += 2, x += sizey)
    {
        if (sizey == 12)
        {
            lcd_show_chinese_12x12(x, y, &buffer[i], fc, bc, sizey, mode);
        }
        else if (sizey == 16)
        {
            lcd_show_chinese_16x16(x, y, &buffer[i], fc, bc, sizey, mode);
        }
        else if (sizey == 24)
        {
            lcd_show_chinese_24x24(x, y, &buffer[i], fc, bc, sizey, mode);
        }
        else if (sizey == 32)
        {
            lcd_show_chinese_32x32(x, y, &buffer[i], fc, bc, sizey, mode);
```

```
        }
        else
        {
            return;
        }
    }
}
```

5.3.3 实验结果

程序编译烧写到开发板后,按下开发板的 RESET 按键,通过串口软件查看日志,程序代码如下:

```
************ Lcd Example ************

************ Lcd Example ************
```

5.4 EEPROM 应用

在实际应用中,保存在 RAM 中的数据掉电后就丢失了,保存在 Flash 中的数据又不能随意改变,也就是不能用它来记录变化的数值。在某些特定场合,需要记录下某些数据,并且它们时常会改变或更新,掉电之后数据还不能丢失。例如,家用电表度数、电视机的频道记忆,一般都是使用 EEPROM(Electrically-Erasable Programmable Read-Only Memory,电擦除可编程只读存储器)来保存数据的,其特点就是掉电后存储的数据不丢失。

EEPROM 是一种掉电后数据不丢失的存储芯片。可以通过计算机或专用设备擦除 EEPROM 的已有信息,重新编程。一般情况下,EEPROM 拥有 30 万～100 万次的寿命,也就是它可以反复写入 30 万～100 万次,而读取次数是无限的。

5.4.1 硬件电路设计

以人体感应模块为例,整体硬件电路图如图 5.4.1 所示,电路中包含了 E53 接口连接器和 EEPROM。

设计使用的 EEPROM 型号是 K24C02,它是一个常用的基于 I^2C 通信协议的 EEPROM 元件,例如,ATMEL 公司的 AT24C02、CATALYST 公司的 CAT24C02 和 ST 公司的 ST24C02 等芯片。I^2C 是一个通信协议,它拥有严密的通信时序逻辑要求,而 EEPROM 是一个元件,只是这个元件采用了 I^2C 协议的接口与单片机相连,二者并没有必然的联系,EEPROM 可以用其他接口,I^2C 也可以用在其他很多元件上。根据 K24C02 芯片手册,可获取如下信息。

1. K24C02 芯片的从设备地址

因其存储容量为 2Kb,所以该芯片 I^2C 从设备读写地址分别为 51H 和 50H,如图 5.4.2 所示。

2. K24C02 芯片的读操作

K24C02 芯片的读操作共分为 3 种,分别为当前地址读(Current Address Read)、随机读(Random Read)和连续读(Sequential Read)。

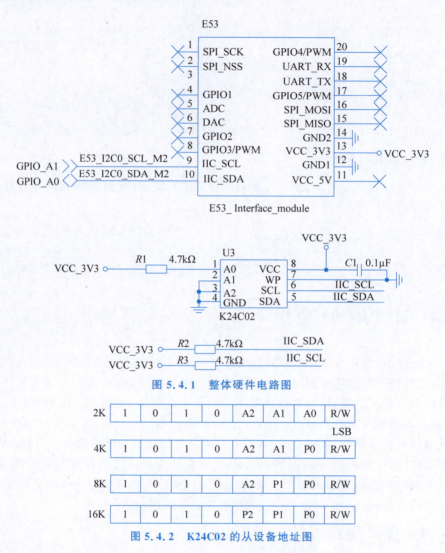

图 5.4.1 整体硬件电路图

图 5.4.2 K24C02 的从设备地址图

当前地址读(Current Address Read)操作是控制 I^2C 总线与 K24C02 芯片通信,通信内容为:从设备地址(1 字节,最低位为 1,表示读) + 数据(1 字节,K24C02 发送给 CPU 的存储内容)。该读操作没有附带 EEPROM 的存储地址,存储地址是由上一次存储地址累加而来,如图 5.4.3 所示。

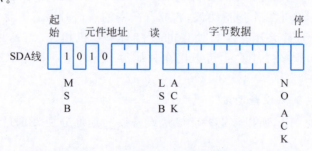

图 5.4.3 K24C02 的当前地址读操作

而随机读操作则控制 I^2C 与 K24C02 进行两次通信:

第一次 I^2C 通信:从设备地址(1 字节,最低位为 0,表示写)+存储地址(1 字节,CPU

发送给 K24C02 的存储地址)。

第二次 I^2C 通信:从设备地址(1 字节,最低位为 1,表示读)+数据(1 字节,K24C02 发送给 CPU 的存储内容)。

K24C02 的随机地址读操作数据传输如图 5.4.4 所示。

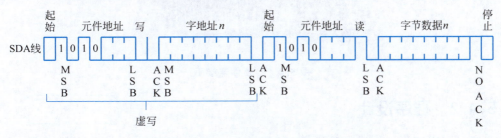

图 5.4.4　K24C02 的随机地址读操作数据传输

连续读操作(Sequential Read)则控制 I^2C 往 K24C02 发送 n 字节,通信内容为:从设备地址(1 字节,最低位为 1,表示读)+n 个数据(K24C02 发送给 CPU)。K24C02 的连续读操作数据传输如图 5.4.5 所示。

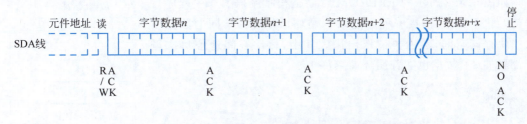

图 5.4.5　K24C02 的连续读操作数据传输

3. K24C02 芯片的写操作

K24C02 芯片写数据操作可分为两种,分别为字节写操作(Byte Write)和页写操作(Page Write)。

其中,字节写操作(Byte Write)控制 I^2C 与 K24C02 通信,通信内容为:从设备地址(1 字节,最低位为 0,表示写)+存储地址(1 字节)+数据(1 字节,CPU 发送给 K24C0 的存储内容)。K24C02 的字节写操作数据传输如图 5.4.6 所示。

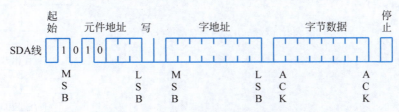

图 5.4.6　K24C02 的字节写操作数据传输

页写操作(Page Write)则控制 I^2C 与 K24C02 通信,通信内容为:从设备地址(1 字节,最低位为 0,表示写)+存储地址(1 字节)+数据(n 字节,CPU 发送给 K24C0 的存储内容)。其中,存储数据的 n 字节,n 不能超过页大小(K24C02 的页大小为 8 字节)。

小凌派-RK2206 开发板与人体感应模块均带有防呆设计,故很容易区分安装方向,直接将模块插入开发板的 E53 母座接口上即可,如图 5.4.7 所示。

图 5.4.7　硬件连接图

5.4.2　程序设计

可通过程序控制 RK2206 芯片的 I^2C 与 K24C02 芯片通信，每 5s 向某一块存储空间（该存储空间地址依次累加）写入不同数据，然后再读取出来。

1. 主程序设计

如图 5.4.8 所示为 EEPROM 存储主程序流程图。主程序首先初始化 I^2C 总线，接着程序进入主循环，每 5s 将不同的数据写入一块存储空间，然后再读取出来。其中，存储空间地址每次循环都累加 32，数据也随着循环而累加 1。

```c
while (1)
{
    printf(" *********** EEPROM Process *********** \n");
    printf("BlockSize = 0x%x\n", eeprom_get_blocksize());

    /* 写 EEPROM */
    memset(buffer, 0, sizeof(buffer));
    for (unsigned int i = 0; i < FOR_CHAR; i++)
    {
        buffer[i] = data_offset + i;
        printf("Write Byte: %d = %c\n", addr_offset + i, buffer[i]);
    }
    ret = eeprom_write(addr_offset, buffer, FOR_CHAR);
    if (ret != FOR_CHAR)
    {
        printf("EepromWrite failed(%d)\n", ret);
    }

    /* 读 EEPROM */
    memset(buffer, 0, sizeof(buffer));
    ret = eeprom_read(addr_offset, buffer, FOR_CHAR);
    if (ret != FOR_CHAR)
    {
        printf("Read Bytes: failed!\n");
    }
    else
```

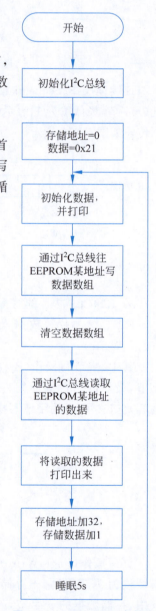

图 5.4.8　EEPROM 存储主程序流程图

```c
{
    for (unsigned int i = 0; i < FOR_CHAR; i++)
    {
        printf("Read Byte: %d = %c\n", addr_offset + i, buffer[i]);
    }
}

data_offset++;
if (data_offset >= CHAR_END)
{
    data_offset = CHAR_START;
}

addr_offset += FOR_ADDRESS;
if (addr_offset >= 200)
{
    addr_offset = 0;
}
printf("\n");

LOS_Msleep(5000);
}
```

2. EEPROM 初始化程序设计

主程序通过控制 RK2206 芯片的接口对 I^2C 总线进行初始化。

```c
#define EEPROM_I2C_BUS        0
#define EEPROM_I2C_ADDRESS    0x51

static I2cBusIo m_i2cBus = {
    .scl = {.gpio = GPIO0_PA1, .func = MUX_FUNC3, .type = PULL_NONE, .drv = DRIVE_KEEP,
.dir = LZGPIO_DIR_KEEP, .val = LZGPIO_LEVEL_KEEP},
    .sda = {.gpio = GPIO0_PA0, .func = MUX_FUNC3, .type = PULL_NONE, .drv = DRIVE_KEEP,
.dir = LZGPIO_DIR_KEEP, .val = LZGPIO_LEVEL_KEEP},
    .id = FUNC_ID_I2C0,
    .mode = FUNC_MODE_M2,
};

static unsigned int m_i2c_freq = 100000;


unsigned int eeprom_init()
{
    if (I2cIoInit(m_i2cBus) != LZ_HARDWARE_SUCCESS) {
        printf("%s, %d: I2cIoInit failed!\n", __FILE__, __LINE__);
        return __LINE__;
    }
    if (LzI2cInit(EEPROM_I2C_BUS, m_i2c_freq) != LZ_HARDWARE_SUCCESS) {
        printf("%s, %d: I2cInit failed!\n", __FILE__, __LINE__);
        return __LINE__;
    }

    /* GPIO0_A0 => I2C1_SDA_M1 */
    PinctrlSet(GPIO0_PA0, MUX_FUNC3, PULL_NONE, DRIVE_KEEP);
```

```
    /* GPIO0_A1 => I2C1_SCL_M1 */
PinctrlSet(GPIO0_PA1, MUX_FUNC3, PULL_NONE, DRIVE_KEEP);

    return 0;
}
```

3. EEPROM 读操作程序设计

主程序通过 eeprom_read() 控制 I2C 总线与 EEPROM 进行通信，读取 EEPROM 存储内容。其中，eeprom_readbyte() 表示通过 I2C 总线读取 EEPROM 存储器 1 字节。

```
#define EEPROM_I2C_BUS                  0
#define EEPROM_I2C_ADDRESS              0x51

/* EEPROM 型号:K24C02,2Kb(256B),32 页,每页 8 字节 */
#define EEPROM_ADDRESS_MAX              256
#define EEPROM_PAGE                     8

unsigned int eeprom_readbyte(unsigned int addr, unsigned char *data)
{
    unsigned int ret = 0;
    unsigned char buffer[1];
    LzI2cMsg msgs[2];

    /* K24C02 的存储地址是 0~255 */
    if (addr >= EEPROM_ADDRESS_MAX) {
        printf("%s, %s, %d: addr(0x%x) >= EEPROM_ADDRESS_MAX(0x%x)\n", __FILE__,
__func__, __LINE__, addr, EEPROM_ADDRESS_MAX);
        return 0;
    }

    buffer[0] = (unsigned char)addr;
    msgs[0].addr = EEPROM_I2C_ADDRESS;
    msgs[0].flags = 0;
    msgs[0].buf = &buffer[0];
    msgs[0].len = 1;
    msgs[1].addr = EEPROM_I2C_ADDRESS;
    msgs[1].flags = I2C_M_RD;
    msgs[1].buf = data;
    msgs[1].len = 1;
    ret = LzI2cTransfer(EEPROM_I2C_BUS, msgs, 2);
    if (ret != LZ_HARDWARE_SUCCESS) {
        printf("%s, %s, %d: LzI2cTransfer failed(%d)!\n", __FILE__, __func__, __LINE__,
ret);
        return 0;
    }

    return 1;
}

unsigned int eeprom_read(unsigned int addr, unsigned char *data, unsigned int data_len)
{
    unsigned int ret = 0;

    if (addr >= EEPROM_ADDRESS_MAX) {
        printf("%s, %s, %d: addr(0x%x) >= EEPROM_ADDRESS_MAX(0x%x)\n", __FILE__,
__func__, __LINE__, addr, EEPROM_ADDRESS_MAX);
```

```
            return 0;
    }

    if ((addr + data_len) > EEPROM_ADDRESS_MAX) {
        printf("%s, %s, %d: addr + len(0x%x) > EEPROM_ADDRESS_MAX(0x%x)\n", __FILE__,
__func__, __LINE__, addr + data_len, EEPROM_ADDRESS_MAX);
        return 0;
    }

    ret = eeprom_readbyte(addr, data);
    if (ret != 1) {
        printf("%s, %s, %d: EepromReadByte failed(%d)\n", __FILE__, __func__, __LINE__,
ret);
        return 0;
    }

    if (data_len > 1) {
        ret = LzI2cRead(EEPROM_I2C_BUS, EEPROM_I2C_ADDRESS, &data[1], data_len - 1);
        if (ret < 0) {
            printf("%s, %s, %d: LzI2cRead failed(%d)!\n", __FILE__, __func__, __LINE__,
ret);
            return 0;
        }
    }

    return data_len;
}
```

4. EEPROM 写操作程序设计

主程序根据存储地址、存储数据和数据长度的不同,选用字节写操作或页写操作,具体代码如下:

```
#define EEPROM_I2C_BUS          0
#define EEPROM_I2C_ADDRESS      0x51

/* EEPROM 型号:K24C02,2Kb(256B),32 页,每页 8 字节 */
#define EEPROM_ADDRESS_MAX      256
#define EEPROM_PAGE             8

unsigned int eeprom_writebyte(unsigned int addr, unsigned char data)
{
    unsigned int ret = 0;
    LzI2cMsg msgs[1];
    unsigned char buffer[2];
    /* K24C02 的存储地址是 0~255 */
    if (addr >= EEPROM_ADDRESS_MAX) {
        printf("%s, %s, %d: addr(0x%x) >= EEPROM_ADDRESS_MAX(0x%x)\n", __FILE__,
__func__, __LINE__, addr, EEPROM_ADDRESS_MAX);
        return 0;
    }

    buffer[0] = (unsigned char)(addr & 0xFF);
    buffer[1] = data;
    msgs[0].addr = EEPROM_I2C_ADDRESS;
    msgs[0].flags = 0;
```

```c
        msgs[0].buf = &buffer[0];
        msgs[0].len = 2;
        ret = LzI2cTransfer(EEPROM_I2C_BUS, msgs, 1);
        if (ret != LZ_HARDWARE_SUCCESS) {
            printf("%s, %s, %d: LzI2cTransfer failed(%d)!\n", __FILE__, __func__, __LINE__, ret);
            return 0;
        }

        /* K24C02 芯片需要时间完成写操作，在此之前不响应其他操作 */
        eeprog_delay_usec(1000);
        return 1;
    }
unsigned int eeprom_writepage(unsigned int addr, unsigned char * data, unsigned int data_len)
{
    unsigned int ret = 0;
    LzI2cMsg msgs[1];
    unsigned char buffer[EEPROM_PAGE + 1];

    /* K24C02 的存储地址是 0~255 */
    if (addr >= EEPROM_ADDRESS_MAX) {
        printf("%s, %s, %d: addr(0x%x) >= EEPROM_ADDRESS_MAX(0x%x)\n", __FILE__, __func__, __LINE__, addr, EEPROM_ADDRESS_MAX);
        return 0;
    }

    if ((addr % EEPROM_PAGE) != 0) {
        printf("%s, %s, %d: addr(0x%x) is not page addr(0x%x)\n", __FILE__, __func__, __LINE__, addr, EEPROM_PAGE);
        return 0;
    }

    if ((addr + data_len) > EEPROM_ADDRESS_MAX) {
        printf("%s, %s, %d: addr + data_len(0x%x) > EEPROM_ADDRESS_MAX(0x%x)\n", __FILE__, __func__, __LINE__, addr + data_len, EEPROM_ADDRESS_MAX);
        return 0;
    }

    if (data_len > EEPROM_PAGE) {
        printf("%s, %s, %d: data_len(%d) > EEPROM_PAGE(%d)\n", __FILE__, __func__, __LINE__, data_len, EEPROM_PAGE);
        return 0;
    }

    buffer[0] = addr;
    memcpy(&buffer[1], data, data_len);
    msgs[0].addr = EEPROM_I2C_ADDRESS;
    msgs[0].flags = 0;
    msgs[0].buf = &buffer[0];
    msgs[0].len = 1 + data_len;
    ret = LzI2cTransfer(EEPROM_I2C_BUS, msgs, 1);
    if (ret != LZ_HARDWARE_SUCCESS) {
        printf("%s, %s, %d: LzI2cTransfer failed(%d)!\n", __FILE__, __func__, __LINE__, ret);
        return 0;
    }
```

```c
    /* K24C02 芯片需要时间完成写操作,在此之前不响应其他操作 */
    eeprog_delay_usec(1000);
    return data_len;
}

unsigned int eeprom_write(unsigned int addr, unsigned char * data, unsigned int data_len)
{
    unsigned int ret = 0;
    unsigned int offset_current = 0;
    unsigned int page_start, page_end;
    unsigned char is_data_front = 0;
    unsigned char is_data_back = 0;
    unsigned int len;

    if (addr >= EEPROM_ADDRESS_MAX) {
        printf("%s, %s, %d: addr(0x%x) >= EEPROM_ADDRESS_MAX(0x%x)\n", __FILE__,
__func__, __LINE__, addr, EEPROM_ADDRESS_MAX);
        return 0;
    }

    if ((addr + data_len) > EEPROM_ADDRESS_MAX) {
        printf("%s, %s, %d: addr + len(0x%x) > EEPROM_ADDRESS_MAX(0x%x)\n", __FILE__,
__func__, __LINE__, addr + data_len, EEPROM_ADDRESS_MAX);
        return 0;
    }

    /* 判断 addr 是否为页地址 */
    page_start = addr / EEPROM_PAGE;
    if ((addr % EEPROM_PAGE) != 0) {
        page_start += 1;
        is_data_front = 1;
    }

    /* 判断 addr + data_len 是否为页地址 */
    page_end = (addr + data_len) / EEPROM_PAGE;
    if ((addr + data_len) % EEPROM_PAGE != 0) {
        page_end += 1;
        is_data_back = 1;
    }

    offset_current = 0;

    /* 处理前面非页地址的数据,如果是页地址则不执行 */
    for (unsigned int i = addr; i < (page_start * EEPROM_PAGE); i++) {
        ret = eeprom_writebyte(i, data[offset_current]);
        if (ret != 1) {
            printf("%s, %s, %d: EepromWriteByte failed(%d)\n", __FILE__, __func__,
__LINE__, ret);
            return offset_current;
        }
        offset_current++;
    }

    /* 处理后续的数据,如果数据长度不足一页,则不执行 */
    for (unsigned int page = page_start; page < page_end; page++) {
        len = EEPROM_PAGE;
        if ((page == (page_end - 1)) && (is_data_back)) {
            len = (addr + data_len) % EEPROM_PAGE;
```

```
        }
        ret = eeprom_writepage(page * EEPROM_PAGE, &data[offset_current], len);
        if (ret != len) {
            printf("%s, %s, %d: EepromWritePage failed(%d)\n", __FILE__, __func__,
__LINE__, ret);
            return offset_current;
        }
        offset_current += EEPROM_PAGE;
    }

    return data_len;
}
```

5.4.3 实验结果

程序编译烧写到开发板后,按下开发板的 RESET 按键,通过串口软件查看日志,具体内容如下:

```
************ EEPROM Process ************
BlockSize = 0x8
Write Byte: 3 = !
Write Byte: 4 = "
Write Byte: 5 = #
Write Byte: 6 = $
Write Byte: 7 = %
Write Byte: 8 = &
Write Byte: 9 = '
Write Byte: 10 = (
Write Byte: 11 = )
Write Byte: 12 = *
Write Byte: 13 = +
Write Byte: 14 = ,
Write Byte: 15 = -
Write Byte: 16 = .
Write Byte: 17 = /
Write Byte: 18 = 0
Write Byte: 19 = 1
Write Byte: 20 = 2
Write Byte: 21 = 3
Write Byte: 22 = 4
Write Byte: 23 = 5
Write Byte: 24 = 6
Write Byte: 25 = 7
Write Byte: 26 = 8
Write Byte: 27 = 9
Write Byte: 28 = :
Write Byte: 29 = ;
Write Byte: 30 = <
Write Byte: 31 = =
Write Byte: 32 = >
Read Byte: 3 = !
Read Byte: 4 = "
Read Byte: 5 = #
Read Byte: 6 = $
```

```
Read Byte: 7  = %
Read Byte: 8  = &
Read Byte: 9  = '
Read Byte: 10 = (
Read Byte: 11 = )
Read Byte: 12 = *
Read Byte: 13 = +
Read Byte: 14 = ,
Read Byte: 15 = -
Read Byte: 16 = .
Read Byte: 17 = /
Read Byte: 18 = 0
Read Byte: 19 = 1
Read Byte: 20 = 2
Read Byte: 21 = 3
Read Byte: 22 = 4
Read Byte: 23 = 5
Read Byte: 24 = 6
Read Byte: 25 = 7
Read Byte: 26 = 8
Read Byte: 27 = 9
Read Byte: 28 = :
Read Byte: 29 = ;
Read Byte: 30 = <
Read Byte: 31 = =
Read Byte: 32 = >
...
```

5.5 NFC 碰一碰

NFC(Near Field Communication,近场通信)是由飞利浦公司发起,由诺基亚、索尼等著名厂商联合主推的一项无线技术。NFC 由非接触式射频识别(Radio Frequency Identification,RFID)及互联互通技术整合演变而来,在单一芯片上结合感应式读卡器、感应式卡片和点对点的功能,能在短距离内与兼容设备进行识别和数据交换。这项技术最初只是 RFID 技术和网络技术的简单合并,现在已经演变成一种短距离无线通信技术,发展相当迅速。与 RFID 不同的是,NFC 具有双向连接和识别的特点,工作于 13.56MHz 频率,作用距离为 10cm 左右。NFC 技术在 ISO 18092、ECMA 340 和 ETSI TS 102 190 框架下推动标准化,同时也兼容应用广泛的 ISO 14443 TYPE-A、TYPE-B 以及 Felica 标准非接触式智能卡的基础架构。

使用 NFC 技术的设备(如智能手机)可以在彼此靠近的情况下进行数据交换,通过在单一芯片上集成感应式读卡器、感应式卡片和点对点通信,实现移动终端移动支付、门禁、移动身份识别等功能。

5.5.1 硬件电路设计

硬件电路图如图 5.5.1 所示,NT3H1201 是一款简单、低成本的 NFC 芯片,通过 I^2C 接口和微控制器通信。芯片通过 PCB 上的射频天线从接触的有源 NFC 设备获取能量,并完成数据交互。交互的数据被写入片上的 EEPROM,以便掉电后的再次读写。

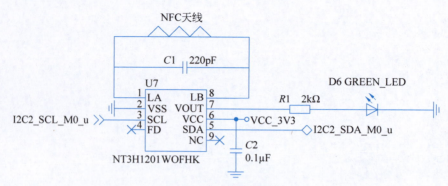

图 5.5.1　硬件电路图

视频讲解

5.5.2　程序设计

与以往设备配网技术相比，NFC"碰一碰"方案可以支持 NFC 功能的安卓手机和 iOS 13.0 以上系统的 iPhone 使用，从而为消费客户提供高效便捷的智慧生活无缝体验。

1. 主程序设计

如图 5.5.2 所示为 NFC 碰一碰主程序流程图，首先初始化 I^2C 总线，然后控制 I^2C 总线向 NFC 写入一段文本信息和一段网址信息，最后使用支持 NFC 功能的安卓手机或 iOS 13.0 以上系统的 iPhone 靠近小凌派-RK2206 开发板，就可以识别出一段文本信息和一个网址。

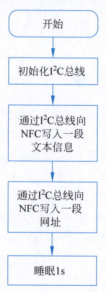

图 5.5.2　NFC 碰一碰主程序流程图

程序代码如下：

```
void nfc_process(void)
{
    unsigned int ret = 0;

    /* 初始化 NFC 设备 */
    nfc_init();
```

```
        ret = nfc_store_text(NDEFFirstPos, (uint8_t *)TEXT);
        if (ret != 1) {
            printf("NFC Write Text Failed: %d\n", ret);
    }

        ret = nfc_store_uri_http(NDEFLastPos, (uint8_t *)WEB);
        if (ret != 1) {
            printf("NFC Write Url Failed: %d\n", ret);
        }

        while (1) {
            printf(" ============== NFC Example ============== \r\n");
            printf("Please use the mobile phone with NFC function close to the development board! \r\n");
            printf("\n\n");
            LOS_Msleep(1000);
        }
}
```

2. NFC 初始化程序设计

NFC 碰一碰初始化主要包括 I^2C 总线初始化。

```
/* NFC 使用 I2C 的总线 ID */
static unsigned int NFC_I2C_PORT = 2;

/* I2C 配置 */
static I2cBusIo m_i2c2m0 =
{
    .scl = {.gpio = GPIO0_PD6, .func = MUX_FUNC1, .type = PULL_NONE, .drv = DRIVE_KEEP,
.dir = LZGPIO_DIR_KEEP, .val = LZGPIO_LEVEL_KEEP},
    .sda = {.gpio = GPIO0_PD5, .func = MUX_FUNC1, .type = PULL_NONE, .drv = DRIVE_KEEP,
.dir = LZGPIO_DIR_KEEP, .val = LZGPIO_LEVEL_KEEP},
    .id = FUNC_ID_I2C2,
    .mode = FUNC_MODE_M0,
};
/* I2C 的时钟频率 */
static unsigned int m_i2c2_freq = 400000;

unsigned int NT3HI2cInit()
{
    uint32_t *pGrf = (uint32_t *)0x41050000U;
    uint32_t ulValue;

    ulValue = pGrf[7];
    ulValue &= ~((0x7 << 8) | (0x7 << 4));
    ulValue |= ((0x1 << 8) | (0x1 << 4));
    pGrf[7] = ulValue | (0xFFFF << 16);
    printf("%s, %d: GRF_GPIO0D_IOMUX_H(0x%x) = 0x%x\n", __func__, __LINE__, &pGrf[7],
pGrf[7]);

    if (I2cIoInit(m_i2c2m0) != LZ_HARDWARE_SUCCESS)
    {
        printf("%s, %s, %d: I2cIoInit failed!\n", __FILE__, __func__, __LINE__);
        return __LINE__;
    }
    if (LzI2cInit(NFC_I2C_PORT, m_i2c2_freq) != LZ_HARDWARE_SUCCESS)
```

```c
        {
            printf("%s, %s, %d: LzI2cInit failed!\n", __FILE__, __func__, __LINE__);
          return __LINE__;
        }
        
        return 0;
    }
    unsigned int nfc_init(void)
    {
        unsigned int ret = 0;
        uint32_t * pGrf = (uint32_t *)0x41050000U;
        uint32_t ulValue;
        
        if (m_nfc_is_init == 1)
        {
            printf("%s, %s, %d: Nfc readly init!\n", __FILE__, __func__, __LINE__);
          return __LINE__;
        }
        
        ret = NT3HI2cInit();
        if (ret != 0)
        {
            printf("%s, %s, %d: NT3HI2cInit failed!\n", __FILE__, __func__, __LINE__);
          return __LINE__;
        }
        
        m_nfc_is_init = 1;
        return 0;
    }
```

3. NFC 写入数据程序设计

下面实现向 NFC 芯片写入 NDEF 数据包的程序。其中，NDEF 数据包可包含多个 Record 信息段；每个 Record 信息段可分为两大数据部分，分别为头部信息（即 Header）和主体信息（即 Payload，也就是传输信息内容）；头部信息又可分为 3 个数据部分，分别为标识符（即 Identifier）、长度（即 Record 的大小信息）和类型，如图 5.5.3 所示。

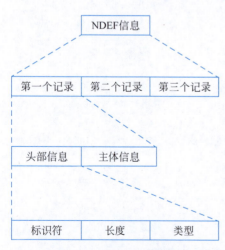

图 5.5.3 NDEF 协议格式

```c
    ret = nfc_store_text(NDEFFirstPos, (uint8_t *)TEXT);
    if (ret != 1) {
        printf("NFC Write Text Failed: %d\n", ret);
    }
    
    ret = nfc_store_uri_http(NDEFLastPos, (uint8_t *)WEB);
    if (ret != 1) {
        printf("NFC Write Url Failed: %d\n", ret);
    }
```

其中，nfc_store_text()和 nfc_store_uri_http()两个函数首先按照 rtdText.h 和 rtdUri.h 中 RTD

协议进行处理，然后使用 ndef.h 中的 NT3HwriteRecord() 进行记录写入。

```
bool nfc_store_text(RecordPosEnu position, uint8_t * text)
{
    NDEFDataStr data;

    if (m_nfc_is_init == 0)
    {
        printf("%s, %s, %d: NFC is not init!\n", __FILE__, __func__, __LINE__);
        return 0;
    }

    prepareText(&data, position, text);
    return NT3HwriteRecord(&data);
}

bool nfc_store_uri_http(RecordPosEnu position, uint8_t * http)
{
    NDEFDataStr data;

    if (m_nfc_is_init == 0)
    {
        printf("%s, %s, %d: NFC is not init!\n", __FILE__, __func__, __LINE__);
        return 0;
    }

    prepareUrihttp(&data, position, http);
    return NT3HwriteRecord(&data);
}
```

NT3HwriteRecord() 负责将需要下发的信息打包成 NDEF 协议报文，最后由 I^2C 总线将 NDEF 协议报文发送给 NFC 设备。

```
bool NT3HwriteRecord(const NDEFDataStr * data)
{
    uint8_t recordLength = 0, mbMe;
    UncompletePageStr addPage;
    addPage.page = 0;

    // calculate the last used page
    if (data->ndefPosition != NDEFFirstPos )
    {
        NT3HReadHeaderNfc(&recordLength, &mbMe);
        addPage.page = (recordLength + sizeof(NDEFHeaderStr) + 1) / NFC_PAGE_SIZE;

        addPage.usedBytes = (recordLength + sizeof(NDEFHeaderStr) + 1) % NFC_PAGE_SIZE - 1;
    }

    int16_t payloadPtr = addFunct[data->ndefPosition](&addPage, data, data->ndefPosition);
    if (payloadPtr == -1)
    {
        errNo = NT3HERROR_TYPE_NOT_SUPPORTED;
        return false;
    }
```

```
            return writeUserPayload(payloadPtr, data, &addPage);
    }
```

5.5.3　实验结果

程序编译烧写到开发板后,按下开发板的 RESET 按键,通过串口软件查看日志,具体内容如下:

```
============== NFC Example ==============
Please use the mobile phone with NFC function close to the development board!
============== NFC Example ==============
Please use the mobile phone with NFC function close to the development board!
...
```

5.6　PWM 控制

PWM(Pulse-Width Modulation,脉冲宽度调制)是一种模拟信号电平数字编码的方法,将有效的电信号分散成离散形式,从而降低电信号所传递的平均功率。根据面积等效法则,改变脉冲的时间宽度,就可以等效获得所需要合成的相应幅值和频率的波形,实现模拟电路的数字化控制,从而降低系统的成本和功耗。许多微控制器和数字信号处理器内部都包含 PWM 控制逻辑单元,为数字化控制提供了方便。

RK2206 芯片内部包含了 3 组 PWM 控制器,每组包含 4 个通道。

视频讲解

5.6.1　硬件接口

PWM 端口号对应 GPIO 引脚如表 5.6.1 所示,不同 PWM 对应不同的 GPIO 引脚输出。

表 5.6.1　PWM 端口号对应 GPIO 引脚

端口号	对应 GPIO 引脚	端口号	对应 GPIO 引脚
PWM0	GPIO_B4	PWM6	GPIO_C3
PWM1	GPIO_B5	PWM7	GPIO_C4
PWM2	GPIO_B6	PWM8	GPIO_C5
PWM3	GPIO_C0	PWM9	GPIO_C6
PWM4	GPIO_C1	PWM10	GPIO_C7
PWM5	GPIO_C2	PWM11	GPIO_D6

5.6.2　程序设计

通过控制 RK2206 的 PWM 控制器,由小凌派-RK2206 开发板上的 PWM 端口输出 PWM 脉冲。

1. 主程序设计

如图 5.6.1 所示为 PWM 控制主程序流程图,开机 LiteOS 系统初始化后进入主程序。主程序首先创建一个 PWM 控制任务,用于操作控制 PWM。接着任务采用循环的方式,控制一个 PWM 初始化使能和开启 PWM,间隔 5s 后,停止 PWM 和 PWM 去使能。然后循环控制下一个 PWM,从 PWM0 到 PWM10 依次循环。

初始化函数创建一个 PWM 控制任务。

图 5.6.1　PWM 控制主程序流程图

```
unsigned int thread_id;
TSK_INIT_PARAM_S task = {0};
unsigned int ret = LOS_OK;

/* 创建 PWM 控制任务 */
task.pfnTaskEntry = (TSK_ENTRY_FUNC)hal_pw_thread;
/* 设置任务栈大小 */
task.uwStackSize = 2048;
/* 设置任务名 */
task.pcName = "hal_pwm_thread";
/* 设置任务优先级 */
task.usTaskPrio = 20;
ret = LOS_TaskCreate(&thread_id, &task);
if (ret != LOS_OK)
{
    printf("Falied to create hal_pw_thread ret:0x%x\n", ret);
    return;
}
```

2. PWM 控制程序设计

PWM 控制程序主要包括 PWM 初始化使能、开启 PWM、停止 PWM 和 PWM 去使能。

```
unsigned int ret;
/* PWM 端口号对应于参考文件
device/rockchip/rk2206/adapter/hals/iot_hardware/wifiiot_lite/hal_iot_pwm.c
*/
unsigned int port = 0;

while (1)
{
    /* PWM 初始化 */
    printf(" ========================== \n");
    printf("PWM(%d) Init\n", port);
    ret = IoTPwmInit(port);
    if (ret != 0) {
        printf("IoTPwmInit failed(%d)\n");
        continue;
    }

    /* 开启 PWM */
    printf("PWM(%d) Start\n", port);
    ret = IoTPwmStart(port, 50, 1000);
    if (ret != 0) {
        printf("IoTPwmStart failed(%d)\n");
        continue;
    }
```

```c
        /* 延时 5s */
        LOS_Msleep(5000);

        /* 停止 PWM */
        printf("PWM( %d) end\n", port);
        ret = IoTPwmStop(port);
        if (ret != 0) {
            printf("IoTPwmStop failed( %d)\n");
            continue;
        }

        /* PWM 去使能 */
        ret = IoTPwmDeinit(port);
        if (ret != 0) {
            printf("IoTPwmInit failed( %d)\n");
            continue;
        }
        printf("\n");

        /* 选择下一个 PWM */
        port++;
        if (port >= 11) {
            port = 0;
        }
    }
}
```

5.6.3 实验结果

程序编译烧写到开发板后，按下开发板的 RESET 按键，通过串口软件查看日志，任务每隔 5s 控制不同的 PWM 输出，从 PWM0 到 PWM10 依次循环输出，具体内容如下：

```
==========================
[HAL INFO] setting GPIO0-12 to 1
[HAL INFO] setting route 41050204 = 00100010, 00000010
[HAL INFO] setting route for GPIO0-12
[HAL INFO] setting GPIO0-12 pull to 2
[GPIO:D]LzGpioInit: id 12 is initialized successfully
[HAL INFO] setting GPIO0-12 to 1
[HAL INFO] setting route 41050204 = 00100010, 00000010
[HAL INFO] setting route for GPIO0-12
[HAL INFO] setting GPIO0-12 pull to 2
[HAL INFO] PINCTRL Write before set reg val = 0x10
[HAL INFO] PINCTRL Write after set reg val = 0x10
PWM(0) start
[HAL INFO] channel = 0, period_ns = 1000000, duty_ns = 500000
[HAL INFO] channel = 0, period = 40000, duty = 20000, polarity = 0
[HAL INFO] Enable channel = 0
IotProcess: sleep 5 sec!
PWM(0) end
[HAL INFO] Disable channel = 0
==========================
[HAL INFO] setting GPIO0-13 to 1
[HAL INFO] setting route 41050204 = 00200020, 00000030
[HAL INFO] setting route for GPIO0-13
[HAL INFO] setting GPIO0-13 pull to 2
```

```
[GPIO:D]LzGpioInit: id 13 is initialized successfully
[HAL INFO] setting GPIO0 - 13 to 1
[HAL INFO] setting route 41050204 = 00200020, 00000030
[HAL INFO] setting route for GPIO0 - 13
[HAL INFO] setting GPIO0 - 13 pull to 2
[HAL INFO] PINCTRL Write before set reg val = 0x30
[HAL INFO] PINCTRL Write after set reg val = 0x30
PWM(1) start
[HAL INFO] channel = 1, period_ns = 1000000, duty_ns = 500000
[HAL INFO] channel = 1, period = 40000, duty = 20000, polarity = 0
[HAL INFO] Enable channel = 1
IotProcess: sleep 5 sec!
PWM(1) end
[HAL INFO] Disable channel = 1
...
```

5.7 看门狗

看门狗定时器(WatchDog Timer,WDT)用于监视和控制微控制器的运行状态,确保微控制器系统能够稳定、可靠地运行。看门狗的主要作用是防止程序发生死循环或系统崩溃,通过定期检查微处理器内部的情况,一旦发生错误或异常,就向微处理器发出重启信号,从而避免系统陷入停滞状态或发生不可预料的后果。

看门狗本质是一个定时器电路,基于一个输入和一个输出,其中输入称为"喂狗",通过外部输入重装载看门狗计数器的值,而输出连接到另外一个部分的复位端。当微控制器正常运行时,会定期通过喂狗操作给看门狗定时器清零,防止看门狗超时而发出复位信号。如果微控制器运行异常,未能按时进行喂狗操作,看门狗定时器达到设定值后,就会给微控制器发出复位信号,使其复位,从而恢复正常的运行状态。看门狗命令在程序的中断中拥有最高的优先级。

5.7.1 硬件看门狗工作原理

视频讲解

RK2206 芯片内置了看门狗电路硬件电路,其工作原理如图 5.7.1 所示。看门狗电路包含看门狗输入时钟、递减计数器、"喂狗"输入和复位输出;看门狗输入时钟驱动递减计数器工作,当递减计数器为 0 时,看门狗超时触发复位信号,重启 CPU;如果 CPU 进行"喂狗",即重置计数器,递减计数器复位,重新开始递减计数。

5.7.2 程序设计

通过控制 RK2206 的看门狗控制器,实现小凌派-RK2206 开发板看门狗功能。

1. 主程序设计

如图 5.7.2 所示为看门狗主程序流程图,开机 LiteOS 系统初始化后进入主程序。主程序首先创建一个看门狗任务,用于控制看门狗。任务启动先初始化看门狗,并设置看门狗超时时间。接着任务采用循环的方式,间隔 1s 喂狗一次,10s 后不再喂狗,然后等待看门狗超时重启系统。

初始化函数创建一个看门狗任务。

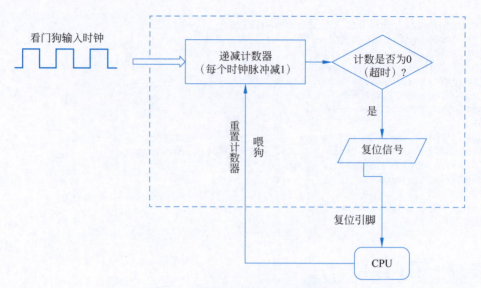

图 5.7.1 硬件看门狗工作原理

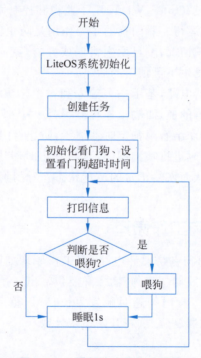

图 5.7.2 看门狗主程序流程图

```
unsigned int thread_id;
TSK_INIT_PARAM_S task = {0};
unsigned int ret = LOS_OK;

/*创建看门狗任务*/
task.pfnTaskEntry = (TSK_ENTRY_FUNC)watchdog_process;
/*设置任务栈大小*/
task.uwStackSize = 20480;
```

```
/*设置任务名*/
task.pcName = "watchdog process";
/*设置任务优先级*/
task.usTaskPrio = 24;
ret = LOS_TaskCreate(&thread_id, &task);
if (ret != LOS_OK)
{
    printf("Falied to create task ret:0x%x\n", ret);
    return;
}
```

2. 看门狗控制程序设计

看门狗控制程序主要包括看门狗初始化、设置看门狗超时时间和喂狗操作。

```
uint32_t current = 0;

/*初始化看门狗*/
printf("%s: start\n", __func__);
LzWatchdogInit();
/* 设置看门狗超时时间,实际是1.3981013 * (2 ^ 4) = 22.3696208s */
LzWatchdogSetTimeout(20);
/*启动看门狗*/
LzWatchdogStart(LZ_WATCHDOG_REBOOT_MODE_FIRST);

while (1)
{
    printf("Wathdog: current(%d)\n", ++current);
    if (current <= 10)
    {
        /*喂狗操作*/
        printf(" freedog\n");
        LzWatchdogKeepAlive();
    }
    else
    {
        /*不喂狗操作*/
        printf(" not freedog\n");
    }
    /*延时1s*/
    LOS_Msleep(1000);
}
```

5.7.3 实验结果

程序编译烧写到开发板后,按下开发板的 RESET 按键,通过串口软件查看日志,看门狗任务每隔 1s 喂狗一次,10s 后不再喂狗;当超过看门狗超时时间,小凌派-RK2206 开发板系统重启,具体内容如下:

```
watchdog_process: start
Wathdog: current(1)
    freedog
Wathdog: current(2)
    freedog
Wathdog: current(3)
    freedog
```

```
Wathdog: current(4)
    freedog
Wathdog: current(5)
    freedog
Wathdog: current(6)
    freedog
Wathdog: current(7)
    freedog
Wathdog: current(8)
    freedog
Wathdog: current(9)
    freedog
Wathdog: current(10)
    freedog
Wathdog: current(11)
    not freedog
Wathdog: current(12)
    not freedog
Wathdog: current(13)
    not freedog
Wathdog: current(14)
    not freedog
Wathdog: current(15)
    not freedog
Wathdog: current(16)
    not freedog
Wathdog: current(17)
    not freedog
Wathdog: current(18)
    not freedog
Wathdog: current(19)
    not freedog
Wathdog: current(20)
    not freedog
Wathdog: current(21)
    not freedog
Wathdog: current(22)
    not freedog
Wathdog: current(23)
    not freedog
Wathdog: current(24)
    not freedog
Wathdog: current(25)
    not freedog
Wathdog: current(26)
    not freedog
Wathdog: current(27)
    not freedog
Wathdog: current(28)
    not freedog
Wathdog: current(29)
    not freedog
Wathdog: current(30)
    not freedog
Wathdog: current(31)
    not freedog
Wathdog: current(32)
```

```
        not freedog
    entering kernel init...
    hilog will init.
    [IOT:D]IotInit: start ....
    [MAIN:D]Main: LOS_Start ...
    Entering scheduler
    [IOT:D]IotProcess: start ....
```

5.8 思考和练习

(1) OpenHarmony 系统提供了哪些外设的接口？

(2) OpenHarmony 系统如何使用 GPIO 接口功能？

(3) OpenHarmony 系统如何使用 I^2C 接口功能？

(4) OpenHarmony 系统如何使用 PWM 接口功能？

(5) OpenHarmony 系统如何使用 SPI 接口功能？

(6) 设计并编写一个程序，实现如下功能：

从 EEPROM 中读取事先存储的数据，并将读取的数据实时显示到 LCD 上。

(7) 设计并编写一个程序，实现如下功能：

按键控制 PWM 通道输出；按键 K1 用于选择 PWM 通道，按键 K2 用于选择 PWM 频率，按键 K3 用于选择 PWM 占空比，按键 K4 用于恢复默认 PWM 配置。

(8) 设计并编写一个程序，实现如下功能：

使用 LED 灯指示系统运行状态，当看门狗喂狗时，LED 灯闪烁表示正在喂狗。

第 6 章 物联网应用

6.1 智慧井盖

智慧井盖模块属于智慧城市中的智能井盖应用。井盖属于道路上常见的公共设施,几乎每走几步就能看见。随着城市化建设,市政公用设施迅速增加,大量地下管线需要管理。而当前采用的井盖大多易于开启,给不法分子提供了可乘之机,移动、偷盗井盖或非法入侵市政管线等违法行为时有发生。同时,井盖若未正常安装,将给人们带来严重的出行安全隐患。智慧井盖看起来普普通通,但其中却蕴藏着大智慧,它能够为路人、行车安全提供基础性的保障,同时也可避免国家财产损失。

6.1.1 硬件电路设计

模块整体硬件电路图如图 6.1.1 所示,电路中包含了 E53 接口连接器、EEPROM、K24C02、陀螺仪、MPU6050 传感器、LED 指示灯电路,其中,EEPROM、MPU6050 传感器为数字接口芯片,直接使用 I^2C 总线控制。MPU6050 是 6 轴运动处理芯片,由 3 轴陀螺仪和 3 轴加速器组成;内置 16 位的 ADC 转换器,可将传感器获取的模拟量转为数字量;内置 DMP(Digital Motion Processor,数字运动处理器)模块,可对传感器数据进行滤波、融合处理,直接向控制器输出姿态解算后的数据,适合作为井盖、智能手环等的姿态检测。

小凌派-RK2206 开发板与智慧井盖模块均带有防呆设计,故很容易区分安装方向,直接将模块插入开发板的 E53 母座接口上即可,如图 6.1.2 所示。

6.1.2 程序设计

视频讲解

将传感器安置在井盖中,传感器实时监测井盖的位置状态,外部控制器通过 I^2C 接口实时读取井盖的姿态情况。当井盖出现倾斜时,下发控制 LED2 信号线输出低电平,点亮 LED 灯 D2;若井盖处于正常状态,控制 LED1 信号线输出低电平,点亮 LED 灯 D1。

1. 主程序设计

如图 6.1.3 所示为智慧井盖主程序流程图,开机 LiteOS 系统初始化后,再设置智慧井盖初始化状态:关闭 LED 指示灯 D1 和 D2。程序进入主循环,每 2s 获取一次 MPU6050 传感器的 x、y 和 z 轴数据,保存第一次获取的 x、y 和 z 轴数据;每次获取的数据与第一次获取的 x、y 和 z 轴数据比对,当两者的差值大于 100 时,认为井盖倾斜,点亮 LED 告警灯 D2;

第6章　物联网应用

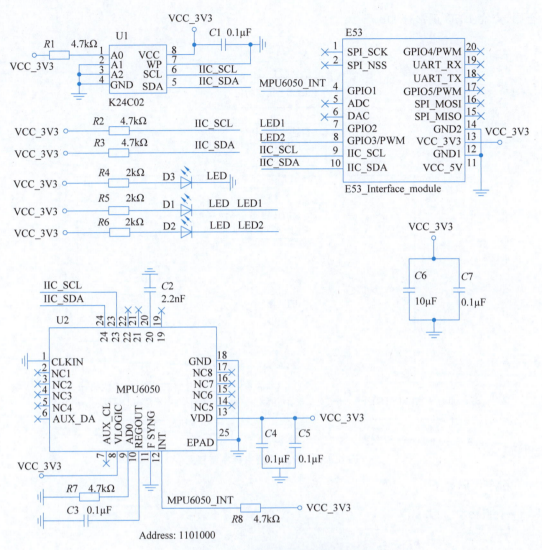

图 6.1.1　模块整体硬件电路图

图 6.1.2　硬件连接图

否则,点亮 LED 正常灯 D1。

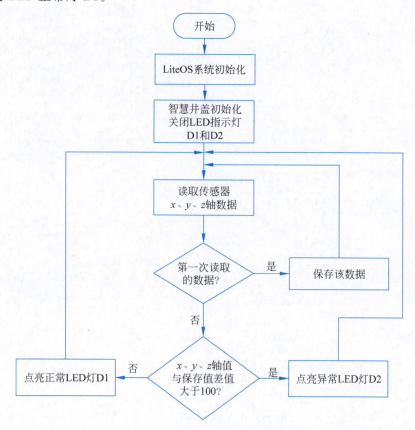

图 6.1.3　智慧井盖主程序流程图

程序代码如下:

```
void e53_sc_thread()
{
    e53_sc_data_t data;
    int x = 0, y = 0, z = 0;

    e53_sc_init();
    led_d1_set(OFF);
    led_d2_set(OFF);
    while (1)
    {
        e53_sc_read_data(&data);
        printf("x is %d\n", (int)data.accel[0]);
        printf("y is %d\n", (int)data.accel[1]);
        printf("z is %d\n", (int)data.accel[2]);
        printf("init x:%d y:%d z:%d\n", x, y, z);

        if (x == 0 && y == 0 && z == 0)
        {
            x = (int)data.accel[0];
            y = (int)data.accel[1];
            z = (int)data.accel[2];
        }
        else
```

```
        {
            if ((x + DELTA) < data.accel[0] || (x - DELTA) > data.accel[0] ||
                (y + DELTA) < data.accel[1] || (y - DELTA) > data.accel[1] ||
                (z + DELTA) < data.accel[2] || (z - DELTA) > data.accel[2])
            {
                /*倾斜告警*/
                led_d1_set(OFF);
                led_d2_set(ON);
                data.tilt_status = 1;
                printf("tilt warning \nLED1 OFF LED2 On\n");
            }
            else
            {
                led_d1_set(ON);
                led_d2_set(OFF);
                data.tilt_status = 0;
                printf("normal \nLED1 ON LED2 OFF\n");
            }
        }
        LOS_Msleep(2000);
    }
}
```

2. 智慧井盖初始化程序设计

智慧井盖初始化程序主要分为 I/O 口初始化和 MPU6050 传感器初始化两部分。

```
void e53_sc_init()
{
    e53_sc_io_init();
    mpu6050_init();
    usleep(1000000);
}
```

I/O 口初始化程序主要配置 GPIO0_PA5 和 GPIO1_PD0 为输出模式，作为 LED 灯控制接口，GPIO0_PA5 控制 LED 灯 D1，GPIO1_PD0 控制 LED 灯 D2；初始化 I2C0 用于读写 MPU6050 传感器，配置 I^2C 时钟频率为 400kHz。

```
void e53_sc_io_init()
{
    unsigned int ret = LZ_HARDWARE_SUCCESS;

    /*led1 gpio init*/
    LzGpioInit(GPIO0_PA5);
    /*led2 gpio init*/
    LzGpioInit(GPIO1_PD0);

    /*设置 GPIO0_PA5 为输出模式*/
    ret = LzGpioSetDir(GPIO0_PA5, LZGPIO_DIR_OUT);
    if (ret != LZ_HARDWARE_SUCCESS)
    {
        printf("set GPIO0_PA5 Direction fail ret: %d\n", ret);
        return;
    }

    /*设置 GPIO1_PD0 为输出模式*/
    ret = LzGpioSetDir(GPIO1_PD0, LZGPIO_DIR_OUT);
    if (ret != LZ_HARDWARE_SUCCESS
```

```
    {
        printf("set GPIO1_PD0 Direction fail ret:%d\n", ret);
        return;
    }

    if (I2cIoInit(m_sc_i2c0m2) != LZ_HARDWARE_SUCCESS)
    {
        printf("init I2C I2C0 io fail\n");
        return;
    }
    /* I2C 时钟频率为 400kHz */
    if (LzI2cInit(SC_I2C0, 400000) != LZ_HARDWARE_SUCCESS)
    {
        printf("init I2C I2C0 fail\n");
        return;
    }
}
```

MPU6050 传感器的初始化程序主要配置 MPU6050 传感器的寄存器，需要配置的相应寄存器如表 6.1.1～表 6.1.7 所示。MPU6050_RA_PWR_MGMT_1 是电源管理寄存器，DEVICE_RESET 是复位唤醒传感器。

表 6.1.1　电源管理寄存器

寄存器 （十六进制）	寄存器 （十进制）	位 7	位 6	位 5	位 4	位 3	位 2	位 1	位 0
6B	107	DEVICE_RESET	SLEEP	CYCLE	—	TEMP_DIS	CLKSEL[2:0]		

MPU6050_RA_INT_ENABLE 是中断使能寄存器，用于中断控制。

表 6.1.2　中断使能寄存器

寄存器 （十六进制）	寄存器 （十进制）	位 7	位 6	位 5	位 4	位 3	位 2	位 1	位 0
38	56	—	MOT_EN	—	FIFO_OFLOW_EN	I2C_MST_INT_EN	—	—	DATA_RDY_EN

MPU6050_RA_USER_CTRL 是用户控制寄存器，用于关闭 I^{2}C 主模式。

表 6.1.3　用户控制寄存器

寄存器 （十六进制）	寄存器 （十进制）	位 7	位 6	位 5	位 4	位 3	位 2	位 1	位 0
6A	106	—	FIFO_EN	I2C_MST_EN	I2C_IF_DIS	—	FIFO_RESET	I2C_MST_RESET	SIG_COND_RESET

MPU6050_RA_FIFO_EN FIFO 是使能寄存器，用于关闭 FIFO。

表 6.1.4　使能寄存器

寄存器 （十六进制）	寄存器 （十进制）	位 7	位 6	位 5	位 4	位 3	位 2	位 1	位 0
23	35	TEMP_FIFO_EN	XG_FIFO_EN	YG_FIFO_EN	ZG_FIFO_EN	ACCEL_FIFO_EN	SLV2_FIFO_EN	SLV1_FIFO_EN	SLV0_FIFO_EN

MPU6050_RA_INT_PIN_CFG INT 是引脚/旁路控制寄存器。

表 6.1.5　引脚/旁路控制寄存器

寄存器 (十六进制)	寄存器 (十进制)	位 7	位 6	位 5	位 4	位 3	位 2	位 1	位 0
37	55	INT_LEVEL	INT_OPEN	LATCH_INT_EN	INT_RD_CLEAR	FSYNC_INT_LEVEL	FSYNC_INT_EN	I2C-BYPASS_EN	—

MPU6050_RA_CONFIG 是配置寄存器,用于配置外部引脚采样,DLPF 是数字低通滤波器。

表 6.1.6　配置寄存器

寄存器 (十六进制)	寄存器 (十进制)	位 7	位 6	位 5	位 4	位 3	位 2	位 1	位 0
1A	26	—	—	EXT-SYNC_SET[2:0]			DLPF_CFG[2:0]		

MPU6050_RA_ACCEL_CONFIG 是加速配置寄存器,用于配置加速度传感器量程和高通滤波器。

表 6.1.7　加速配置寄存器

寄存器 (十六进制)	寄存器 (十进制)	位 7	位 6	位 5	位 4	位 3	位 2	位 1	位 0
1C	28	XA_ST	YA_ST	ZA_ST	AFS_SEL[1:0]		—		

MPU6050 初始化代码如下:

```
void mpu6050_init()
{
    int i = 0, j = 0;
    /* 在初始化之前要延时一段时间,若没有延时,则断电后再上电数据可能会出错 */
    for(i = 0;i < 1000;i++)
    {
        for(j = 0;j < 1000;j++)
    }
    mpu6050_write_reg(MPU6050_RA_PWR_MGMT_1, 0X80);        // 复位 MPU6050
    usleep(20000);
    mpu6050_write_reg(MPU6050_RA_PWR_MGMT_1, 0X00);        // 唤醒 MPU6050
    mpu6050_write_reg(MPU6050_RA_INT_ENABLE, 0X00);        // 关闭所有中断
    mpu6050_write_reg(MPU6050_RA_USER_CTRL, 0X00);         // I2C 主模式关闭
    mpu6050_write_reg(MPU6050_RA_FIFO_EN, 0X00);           // 关闭 FIFO
    // 中断的逻辑电平模式,设置为 0,中断信号为高电平;设置为 1,中断信号为低电平时
    mpu6050_write_reg(MPU6050_RA_INT_PIN_CFG, 0X80);
    action_interrupt();                                    // 运动中断
    // 配置外部引脚采样和 DLPF 数字低通滤波器
    mpu6050_write_reg(MPU6050_RA_CONFIG, 0x04);
    // 配置加速度传感器量程和高通滤波器
    mpu6050_write_reg(MPU6050_RA_ACCEL_CONFIG, 0x1C);
    mpu6050_write_reg(MPU6050_RA_INT_PIN_CFG, 0X1C);       // INT 引脚低电平时
    mpu6050_write_reg(MPU6050_RA_INT_ENABLE, 0x40);        // 中断使能寄存器
}
```

3. 获取传感器数据程序设计

获取传感器数据程序通过 I^2C 读取 MPU6050 传感器的角动量寄存器,进而得到 x、y

和 z 轴数据。

```
void e53_sc_read_data(e53_sc_data_t * p_data)
{
    short accel[3];
    short temp;
    if(mpu6050_read_id() == 0)
    {
        while(1);
    }
    mpu6050_read_acc(accel);
    p_data->accel[0] = accel[0];
    p_data->accel[1] = accel[1];
    p_data->accel[2] = accel[2];
    usleep(50000);
}
```

6.1.3 实验结果

程序编译烧写到开发板后,按下开发板的 RESET 按键,通过串口软件查看日志。倾斜智慧井盖模块,观察 x、y 和 z 轴数据变化,当 x、y 和 z 轴数据与第一次保存的 x、y 和 z 轴数据差值大于 100 时,LED 告警灯 D2 点亮。

日志内容如下:

```
x is 149
y is 21
z is 1822
init x:144 y:24 z:1819
normal
LED1 ON LED2 OFF

x is 154
y is 749
z is 1684
init x:144 y:24 z:1819
tilt warning
LED1 OFF LED2 On
```

6.2 智慧路灯

智慧路灯模块属于智慧城市中的智能路灯应用。传统路灯一般是设定时间开启,但夏天白昼比较长,路灯按设定时间开启,会造成能源浪费;冬季白昼较短,经常天已经黑了路灯还未打开,将给人们的出行带来了诸多不便。也有的路灯通过人工手动开启,这种方式虽较设定时间方式灵活,但存在一定的局限性。智慧路灯模块能够模拟智慧城市中的智能路灯应用,模块本身自带光线传感器,通过传感器采集的光线数据判断天黑情况,同时光线数据同步上传云端,也可以直接从云端根据大数据判断是否开启路灯。

6.2.1 硬件电路设计

模块整体硬件电路图如图 6.2.1 所示,电路中包含了 E53 接口连接器、EEPROM

K24C02、光线传感器 BH1750FVI 和 LED 灯驱动电路，其中 EEPROM、光线传感器 BH1750FVI 为数字接口芯片，直接使用 I^2C 总线控制。BH1750FVI 是一款支持 I^2C 接口的数字型光强度传感器集成芯片，能够将检测到的光线强度直接转换为对应亮度的数字值，其输入光检测范围为 1～65535lx，检测误差变动±20%，适合作为调整计算机键盘、路灯以及液晶显示器采集亮度传感器。

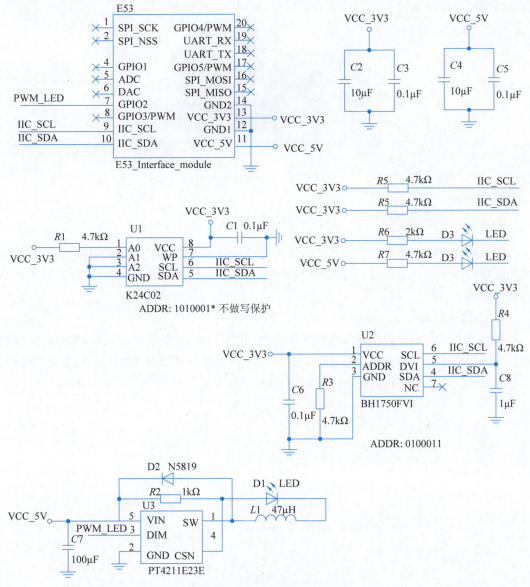

图 6.2.1　模块整体硬件电路图

下面介绍 LED 灯的驱动原理。电路采用 PT4211E23E 芯片作为 LED 灯的驱动芯片，它是一款连续导通型的电感降压转换器，可以用于单个或者多个串联的 LED 灯驱动，输出电流高达 350mA，输出电流可通过电阻 $R6$ 进行调整，也可通过 DIM 引脚调整输出平均电流，从而达到调整 LED 灯亮度的目的。这里 LED 灯用于模拟 IoT 中的智慧路灯，因此

LED 灯无须太亮,过亮的灯光可能对眼睛造成一定程度的影响,影响开发者进行功能调试,故限流电阻 $R6$ 阻值设置较大。另外,驱动芯片输出的是 5V 的驱动电压,电路中使用 3.3V 标准的大功率 LED 灯,因此设计时也不能将驱动芯片输出功率设置得太大,否则容易影响 LED 灯的寿命。

小凌派-RK2206 开发板与智慧路灯模块均带有防呆设计,故很容易区分安装方向,直接将模块插入开发板的 E53 母座接口上即可,如图 6.2.2 所示。

图 6.2.2 硬件连接图

视频讲解

6.2.2 程序设计

智慧路灯模块上的光线传感器实时采集光线强度,控制器通过 I^2C 接口读取光线数据,当光线强度降低到设定值时,下发命令控制 PWM_LED 输出高电平,同时 PT4211E23E 驱动芯片驱动 LED 灯点亮。

1. 主程序设计

如图 6.2.3 所示为智慧路灯主程序流程图,开机 LiteOS 系统初始化后,再初始化智慧路灯为熄灭的状态。程序进入主循环,每 2s 获取一次光线传感器 BH1750 的光线强度值,当光线强度值小于 20 时,点亮 LED 路灯;当光线强度值大于 20 时,熄灭 LED 路灯。

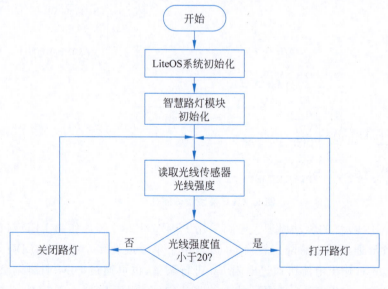

图 6.2.3 智慧路灯主程序流程图

程序代码如下：

```c
void e53_isl_thread()
{
    float lum = 0;

    e53_isl_init();

    while (1)
    {
        lum = e53_isl_read_data();

        printf("luminance value is %.2f\n", lum);

        if (lum < 20)
        {
            isl_light_set_status(ON);
            printf("light on\n");
        }
        else
        {
            isl_light_set_status(OFF);
            printf("light off\n");
        }

        LOS_Msleep(2000);
    }
}
```

2. 智慧路灯初始化程序设计

智慧路灯初始化程序主要分为 I/O 口和 BH1750 传感器初始化两部分。

```c
void e53_isl_init(void)
{
    e53_isl_io_init();
    init_bh1750();
}
```

I/O 口初始化程序主要配置 GPIO0_PA5 为输出模式，作为 LED 灯控制 I/O 口；初始化 I2C0 用于读写 BH1750 传感器值，配置 I^2C 时钟频率为 400kHz。

```c
void e53_isl_io_init(void)
{
    LzGpioInit(GPIO0_PA5);
    LzGpioSetDir(GPIO0_PA5, LZGPIO_DIR_OUT);

    if (I2cIoInit(m_isl_i2c0m2) != LZ_HARDWARE_SUCCESS)
    {
        printf("init I2C I2C0 io failed\n");
    }
    if (LzI2cInit(ISL_I2C0, 400000) != LZ_HARDWARE_SUCCESS)
    {
        printf("init I2C I2C0 failed\n");
    }
}
```

BH1750 传感器初始化程序通过 I2C0 向 BH1750 传感器写入通电命令 01H，开始等待测量命令。

```
void init_bh1750()
{
    uint8_t send_data[1] = {0x01};
    uint32_t send_len = 1;

    LzI2cWrite(ISL_I2C0, BH1750_ADDR, send_data, send_len);
}
```

3. 获取传感器数据程序设计

通过 I^2C 下发命令，启动光线传感器 BH1750 开始测量，延时一定时间后，开始读取 BH1750 传感器的寄存器值，读取两字节数据，其中第一字节数据为高 8 位数据，第二字节数据为低 8 位数据，亮度值为高 8 位和低 8 位数据合并后的 16 位数据除以 1.2。

```
float e53_isl_read_data()
{
    float lum = 0;

    start_bh1750();
    LOS_Msleep(180);

    uint8_t recv_data[2] = {0};
    uint32_t receive_len = 2;
    LzI2cRead(ISL_I2C0, BH1750_ADDR, recv_data, receive_len);
    lum = (float)(((recv_data[0]<< 8) + recv_data[1])/1.2);

    return lum;
}
```

程序通过 I2C0 向 BH1750 传感器写入命令 10H，启动测量，测量时间一般为 120ms。

```
void start_bh1750()
{
    uint8_t send_data[1] = {0x10};
    uint32_t send_len = 1;

    LzI2cWrite(ISL_I2C0, BH1750_ADDR, send_data, send_len);
}
```

6.2.3 实验结果

程序编译烧写到开发板后，按下开发板的 RESET 按键，通过串口软件查看日志；通过遮挡智慧路灯模块上的光线传感器来改变光线强度值，当光线强度值小于 20 时，LED 灯打开；当光线强度值大于或等于 20 时，LED 灯关闭。

日志内容如下：

```
luminance value is 45.83
light off
luminance value is 4.17
light on
```

6.3 智慧车载

智慧车载模块是一款集超声波测距及报警电路的模块。模块可提供 2～300cm 的非接触式距离感测功能，测距精度可达 2cm，能将测量距离转换为具有一定宽度的脉冲输出；声光报警电路由外部控制，当外部处理器判断距离达到设定值时，控制报警电路工作。

6.3.1 硬件电路设计

模块整体硬件电路图如图 6.3.1 所示，电路中包含了 E53 接口连接器、EEPROM、K24C02、超声波处理电路和声光报警电路。

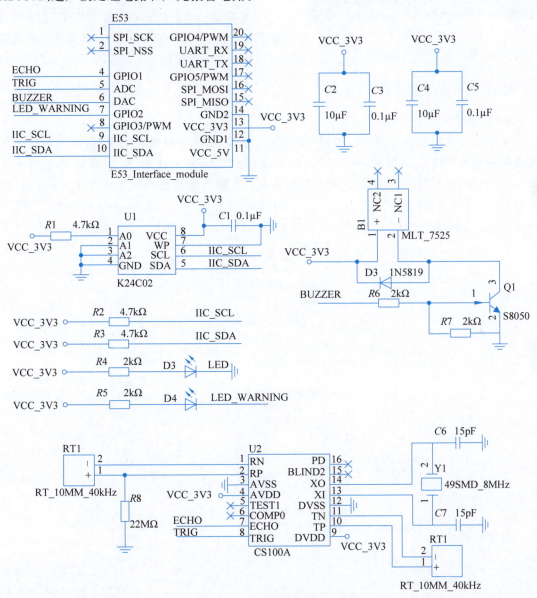

图 6.3.1　模块整体硬件电路图

超声波测距芯片选用 CS-100A，这是一款工业级超声波测距芯片，内部集成了超声波发射电路、超声波接收电路、数字处理电路等，单片测距芯片即可完成超声波测距，测距结果通过脉宽的方式进行输出。

CS-100A 配合使用 40kHz 的开放式超声波探头，在超声波发射端并联一个电阻 $R2$ 到地，使用 8MHz 的晶振，即可实现高性能的测距功能，电阻 $R2$ 的大小决定了超声波测量的距离。

三极管 Q1 为 NPN 管，基极为高电平时，三极管才能够导通，蜂鸣器需 PWM 波驱动，人耳可识别的频率范围为 20Hz～20kHz，故 PWM 频率需在该范围内，默认使用 3kHz 的 PWM 波驱动。

小凌派-RK2206 开发板与智慧车载模块均带有防呆设计，故很容易区分安装方向，直接将模块插入开发板的 E53 母座接口上即可，如图 6.3.2 所示。

图 6.3.2 硬件连接图

视频讲解

6.3.2 程序设计

1. 主程序设计

如图 6.3.3 所示为智慧车载主程序流程图，开机 LiteOS 系统初始化后，再初始化智慧车载模块。程序进入主循环，采用轮询的方式，每 2s 测量一次距离，当测量到距离小于 20cm 时，驱动控制蜂鸣器告警，同时告警灯亮起；当测量到的距离大于或等于 20cm 时，蜂鸣器停止工作，告警灯熄灭。

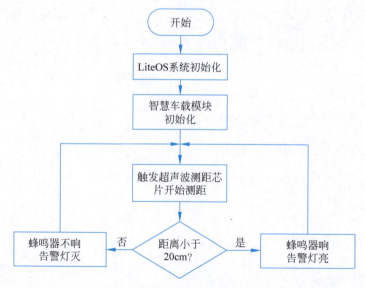

图 6.3.3 智慧车载主程序流程图

程序代码如下：

```
{
    unsigned int ret = 0;
    /* 每个周期为 200usec,占空比为 100usec */
```

```
        unsigned int duty_ns = 500000;
        unsigned int cycle_ns = 1000000;
        float distance_cm = 0.0;

        e53_iv01_init();

        while (1)
        {
            ret = e53_iv01_get_distance(&distance_cm);
            if (ret == 1)
            {
                printf("distance cm: % f\n", distance_cm);
                if (distance_cm <= 20.0)
                {
                    e53_iv01_buzzer_set(1, duty_ns, cycle_ns);
                    e53_iv01_led_warning_set(1);
                }
                else
                {
                    e53_iv01_buzzer_set(0, duty_ns, cycle_ns);
                    e53_iv01_led_warning_set(0);
                }
            }
            LOS_Msleep(2000);
        }
    }
```

2. 智慧车载初始化程序设计

智慧车载初始化程序主要分为 I/O 口和 PWM 设备初始化两部分。

I/O 口初始化程序主要配置 GPIO0_PC4 为输出模式,作为 Trig 控制 I/O 口引脚;配置 GPIO0_PA5 为输出模式,作为 LED_WARNING 灯控制 I/O 口引脚;配置 GPIO_PA2 为输入模式,作为 Echo 控制 I/O 口引脚。

```
{
    /* Trig 引脚设置为 GPIO 输出模式 */
    PinctrlSet(E53_IV01_TRIG_GPIO, MUX_FUNC0, PULL_KEEP, DRIVE_KEEP);
    LzGpioInit(E53_IV01_TRIG_GPIO);
    LzGpioSetDir(E53_IV01_TRIG_GPIO, LZGPIO_DIR_OUT);
    E53_IV01_TRIG_Clr();

    /* LED_WARNING 灯引脚设置为 GPIO 输出模式 */
    PinctrlSet(E53_IV01_LED_WARNING_GPIO, MUX_FUNC0, PULL_KEEP, DRIVE_KEEP);
    LzGpioInit(E53_IV01_LED_WARNING_GPIO);
    LzGpioSetDir(E53_IV01_LED_WARNING_GPIO, LZGPIO_DIR_OUT);
    e53_iv01_led_warning_set(0);

    /* Echo 引脚设置为 GPIO 输入模式 */
    PinctrlSet(E53_IV01_ECHO0_GPIO, MUX_FUNC0, PULL_KEEP, DRIVE_KEEP);
    LzGpioInit(E53_IV01_ECHO0_GPIO);
    LzGpioSetDir(E53_IV01_ECHO0_GPIO, LZGPIO_DIR_IN);
}
```

初始化 PWM 设备,使用 PWM7 作为蜂鸣器的控制源。

```
{
    /* 初始化 PWM */
    PinctrlSet(E53_IV01_BUZZER_GPIO, MUX_FUNC2, PULL_DOWN, DRIVE_KEEP);
    PwmIoInit(m_buzzer_config);
    LzPwmInit(E53_IV01_PWM_IO);

    return 0;
}
```

3. 距离测量程序设计

发送至少 10μs 的高电平给超声波驱动芯片的 Trig 控制引脚，触发超声波开始工作；等待 200ms，整个测距最长为 66ms，获取 Echo 引脚的电平，当为高电平时获取一个时间戳，当为低电平时再获取一个时间戳，两个时间戳的差值即为测量所产生的时间。

```
{
    uint8_t value = 0;

    m_echo_info.flag = EECHO_FLAG_CAPTURE_RISE;

    while (1)
    {
        LzGpioGetVal(E53_IV01_ECHO0_GPIO, &value);
        if (value == LZGPIO_LEVEL_HIGH)
        {
            m_echo_info.time_rise = *m_ptimer5_current_value_low;
            m_echo_info.flag = EECHO_FLAG_CAPTURE_FALL;
            break;
        }
    }

    while (1)
    {
        LzGpioGetVal(E53_IV01_ECHO0_GPIO, &value);
        if (value == LZGPIO_LEVEL_LOW)
        {
            m_echo_info.time_fall = *m_ptimer5_current_value_low;
            m_echo_info.flag = EECHO_FLAG_CAPTURE_SUCCESS;
            break;
        }
    }

    /* 释放信号量 */
    LOS_SemPost(m_task_sem);
}
```

距离计算公式：

距离＝时间差×340m/s/2×100（超声波来回 2 次，距离换算成 cm）

```
{
    float f_time = (float)time;
    float f_freq = (float)freq;

    /*距离 = 时间差 × 340m/s / 2 × 100(超声波来回 2 次,距离换算成 cm) */
    *cmeter = f_time / f_freq * 170.0 * 100.0;
}
```

6.3.3 实验结果

程序编译烧写到开发板后,按下开发板的 RESET 按键,通过串口软件查看日志;移动智慧车载模块到不同的距离,当测量的距离小于 20cm 时,蜂鸣器响起,告警灯亮起;当测量的距离大于或等于 20cm 时,蜂鸣器不响应,告警灯熄灭。

日志内容如下:

```
========== E53 IV Example ==========
distance cm: 23.89
========== E53 IV Example ==========
distance cm: 23.90
```

6.4 人体感应

人体感应模块是一款具有较高性能的红外人体感应传感模块。当监测有人体移动时,它能够快速开启响应,触发 LED 灯点亮,同时对外输出触发信号;蜂鸣器报警电路由外部控制,当外部控制器识别人体移动时,控制报警电路工作。该模块可以模拟各种应用案例,诸如,快速开启各类白炽灯、荧光灯、蜂鸣器、自动门、电风扇、烘干机和自动洗手池等装置,特别适用于企业、宾馆、商场、库房及家庭的过道、走廊等敏感区域,或用于安全区域的自动灯光、照明和报警系统。

6.4.1 硬件电路设计

模块整体硬件电路图如图 6.4.1 所示,电路中包含了 E53 接口连接器、EEPROM、K24C02、热释电传感器 D203B、LED 指示灯电路和蜂鸣器电路。

下面简单介绍热释电红外传感器的原理。热释电效应同压电效应类似,是指由于温度的变化而引起晶体表面荷电的现象。热释电传感器是对温度敏感的传感器,它由陶瓷氧化物或压电晶体元件组成,在元件正反两面分别做成正负电极,在传感器监测范围内温度有 ΔT 的变化时,热释电效应会在两个电极上会产生电荷 ΔQ,即在两电极之间产生微弱的电压 ΔV。由于它的输出阻抗极高,所以在传感器中有一个场效应管进行阻抗变换。热释电效应所产生的电荷 ΔQ 会被空气中的离子所结合而消失,即当环境温度稳定不变时,$\Delta T = 0$,则传感器无输出。当人体进入检测区,因人体温度与环境温度有差别,产生 ΔT,则有 ΔT 输出;如果人体进入检测区后不动,则温度没有变化,传感器也没有输出。所以这种传感器适合检测人体或者动物的活动传感。实验证明,传感器不加光学透镜(也称菲尼尔透镜),其检测距离小于 2m;而加上光学透镜后,其检测距离可大于 7m。

当传感器受到红外辐射而温度升高时,表面电荷将减少,相当于释放了一部分电荷。将释放的电荷经放大器可以转化为电压输出,检测这个电压并转换为数字信号输出使用。D203B 带有内置的光学滤波器,可以将检测到的辐射设置在人体辐射的波长范围内。辐射的变化经过传感器内部放大后,产生可以从外部测量到的模拟输出脉冲,但是该信号与输入电压相比仍非常小,因此还需要通过外部电路将信号放大到可用的范围。

BISS0001 是一款具有较高性能的传感信号处理集成芯片,内部框图如图 6.4.2 所示。

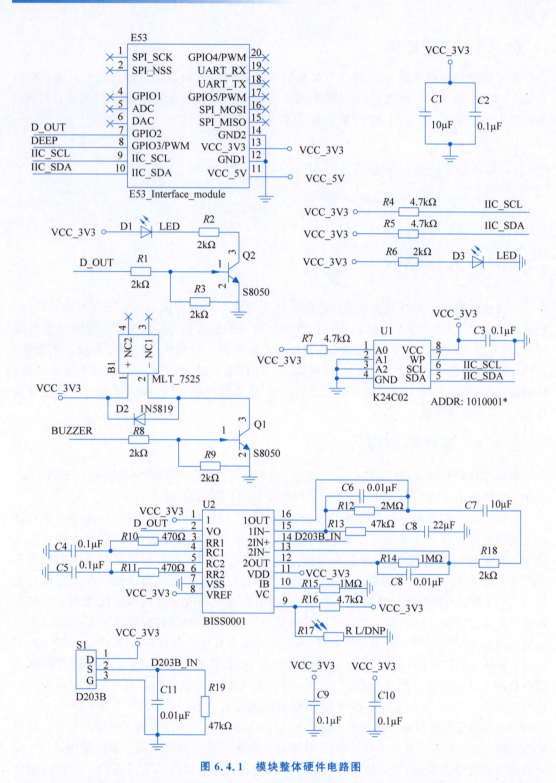

图 6.4.1 模块整体硬件电路图

其专门用来对热释电红外传感器输出信号进行处理,热释电红外传感器输出的信号比较微弱,需要经过相应的滤波放大处理。下面介绍 BISS0001 原理。

OP1 为输入信号的第一级放大,然后经过 C10 耦合给运算放大器 OP2 进行二级放大,

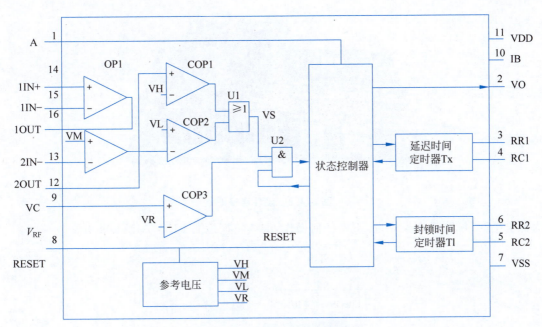

图 6.4.2　BISS0001 内部框图

经过由电压比较器 COP1 和 COP2 构成的双向鉴幅器处理之后,检出有效触发信号 VS 去启动延迟定时器,输出信号 VO 经过晶体管 Q1 驱动 LED 灯。R8 为光敏电阻,用来检测环境照度。当作为照明控制时候,若环境比较明亮,则光敏电阻阻值降低,使 VC 脚的输入保持为低电平,从而封锁触发信号 VS。电路中 1 脚直接接高电平,芯片处于可重复触发模式。模块默认不焊接光敏电阻。

输出延时时间 Tx 由外部的 R5 和 C6 的大小调整,计算值为 $Tx \approx 26 \times 10^3 \times R7 \times C6$,单位为秒(s)。取 $R5=2k\Omega, C6=100nF$,即输出延时时间为 1.22s。触发封锁时间 Ti 由外部的 R6 和 C7 的大小调整,值为 $Ti \approx 40 \times R6 \times C7$,单位为秒(s)。取 $R6=470\Omega, C7=100nF$,即触发封锁时间为 1.8s。由于模块的工作环境及器件误差,理论时间与实际时间会有一定的差异属正常现象。关于延时时间与封锁时间更多内容,读者可自行查阅芯片手册。

三极管 Q2 为 NPN 管,基极为高电平时,三极管才能够导通,蜂鸣器需 PWM 波驱动,人耳可识别的频率范围为 20Hz~20kHz,故 PWM 频率需在该范围内,默认使用 3kHz 的 PWM 波驱动。同理三极管 Q1、D_OUT 需为高电平时,三极管才能导通并驱动 LED 灯点亮。

小凌派-RK2206 开发板与人体感应模块均带有防呆设计,故很容易区分安装方向,直接将模块插入开发板的 E53 母座接口上即可,如图 6.4.3 所示。

6.4.2　程序设计

人体感应模块实时监测是否有人体移动,当监测到人体时,LED 灯 D1 亮,同时引脚 LED_ALARM 输出高电平,经处理器判断并上报,同时下发指令,控制蜂鸣器报警。

1. 主程序设计

如图 6.4.4 所示为人体感应主程序流程图,开机 LiteOS 系统初始化后,再初始化人体感应模块。程序进入主循环,采用轮询的方式,每 1s 检测一次 LED_ALARM 电平,当检测到 LED_ALARM 为高电平时,说明有人靠近,控制蜂鸣器响 1s;当检测到 LED_ALARM

视频讲解

图 6.4.3　硬件连接图

为低电平时,说明没有人靠近,不做任何操作,继续轮询检测 LED_ALARM 电平。

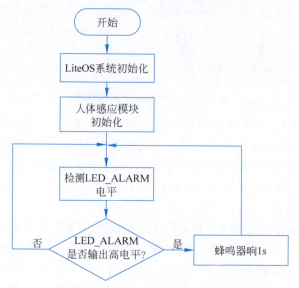

图 6.4.4　人体感应主程序流程图

程序代码如下:

```
void e53_bi_thread()
{
    unsigned int ret;
    LzGpioValue val = LZGPIO_LEVEL_LOW, val_last = LZGPIO_LEVEL_LOW;

    e53_bi_init();

    while (1)
    {
        ret = LzGpioGetVal(GPIO0_PA5, &val);
        if (ret != LZ_HARDWARE_SUCCESS)
        {
            printf("get gpio value failed ret: % d\n", ret);
        }
        if (val_last != val)
        {
```

```
            if (val == LZGPIO_LEVEL_HIGH)
            {
                buzzer_set_status(ON);
                printf("buzzer on\n");
                LOS_Msleep(1000);
                buzzer_set_status(OFF);
                printf("buzzer off\n");
            }
            val_last = val;
        }
        LOS_Msleep(1000);
    }
}
```

2. 人体感应初始化程序设计

人体感应初始化程序主要初始化 PWM 设备，使用 PWM7 作为蜂鸣器的控制源；初始化配置 GPIO0_PA5 为输入模式，作为 LED_ALARM 检测电平 I/O 口。

```
void e53_bi_init()
{
    uint32_t ret = LZ_HARDWARE_SUCCESS;
    ret = PwmIoInit(m_buzzer);
    if (ret != LZ_HARDWARE_SUCCESS)
    {
        printf("PwmIoInit failed ret:%d\n", ret);
        return;
    }

    ret = LzPwmInit(BI_PWM7);
    if (ret != LZ_HARDWARE_SUCCESS)
    {
        printf("LzPwmInit 7 failed ret:%d\n", ret);
        return;
    }

    LzGpioInit(GPIO0_PA5);
    ret = LzGpioSetDir(GPIO0_PA5, LZGPIO_DIR_IN);
    if (ret != LZ_HARDWARE_SUCCESS) {
        printf("LzGpioSetDir(GPIO0_PA5) failed ret:%d\n", ret);
        return;
    }
}
```

3. 蜂鸣器控制程序设计

当开启蜂鸣器时，设置 PWM 波的周期为 100ms，其中占空比为 50%；当关闭蜂鸣器时，关闭 PWM 波输出。

```
void buzzer_set_status(SWITCH_STATUS_ENUM status)
{
    if(status == ON)
    {
        LzPwmStart(BI_PWM7, 500000, 1000000);
    }
```

```
        if(status == OFF)
        {
            LzPwmStop(BI_PWM7);
        }
    }
```

6.4.3 实验结果

程序编译烧写到开发板后,按下开发板的 RESET 按键,通过串口软件查看日志;通过手靠近人体感应模块上的传感器,从而触发人体感应。当人体感应模块检测到人体时,LED_ALARM 输出高电平,LED 灯亮,蜂鸣器此时响 1s;当人体感应模块未检测到人体时,LED_ALARM 输出低电平,LED 灯灭,蜂鸣器无响应。

日志内容如下:

```
buzzer on
buzzer off
```

6.5 智能手势

智能手势模块集成手势识别传感器 PAJ7620U2,能够识别上移、下移、左移、右移、前移、后移、顺时针、逆时针和挥手 9 种手势,手势信息通过 I^2C 接口访问;另外,模块还带有 9 个手势识别指示灯,方便用户操作手势的直观判断。

手势识别技术在物联网智能家居中的应用,极大地方便了人们的生活。通过手势识别可以远程操控智能家电、家用机器人、可穿戴等硬件设备,还通过输入固定的手势作为智能硬件远程控制指令,让人机交互变得更加智能有趣。

6.5.1 硬件电路设计

模块整体硬件电路图如图 6.5.1 所示,电路中包含了 E53 接口连接器、EEPROM、K24C02、手势识别传感器 PAJ7620U2 和灯光指示电路。PAJ7620U2 是一款基于光学数组式的传感器,可识别多种手势,其内置 LED 驱动器集成了环境光和光源抑制滤波器,抗环境光干扰能力强,适用于隔空操作的场景。

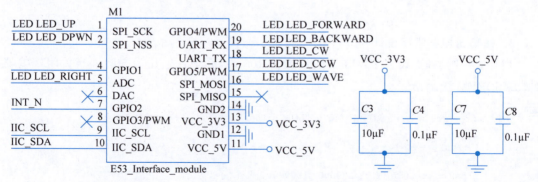

图 6.5.1 模块整体硬件电路图

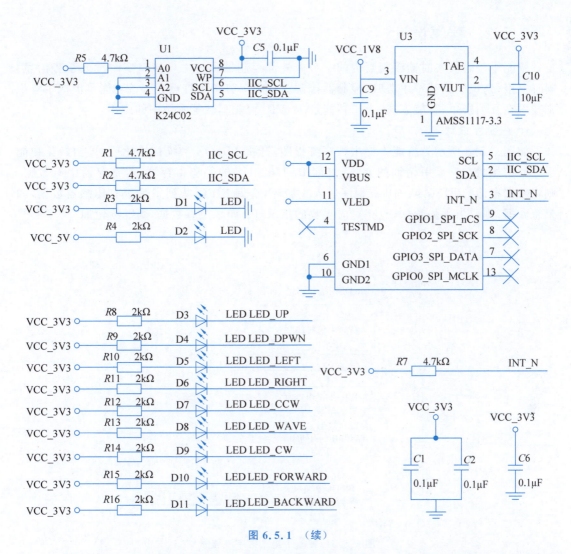

图 6.5.1 （续）

小凌派-RK2206 开发板与智能手势模块均带有防呆设计，故很容易区分安装方向，直接将模块插入开发板的 E53 母座接口上即可，如图 6.5.2 所示。

图 6.5.2　硬件连接图

视频讲解

6.5.2 程序设计

智能手势模块实时监测视野内的手势。外部控制器通过 I^2C 接口实时读取手势信息，同时上报，当识别到某一手势时，控制器控制对应的手势指示灯点亮。该功能可模拟手势识别技术在互动娱乐、智能家居、人工智能、AR/VR、智能车载等领域中的应用。

1. 主程序设计

如图 6.5.3 所示为智能手势主程序流程图，开机 LiteOS 系统初始化后，再初始化智能手势的初始状态。采用轮询的方式，查询 PAJ7620U2 的手势寄存器，若寄存器中有数据，则将数据存储到 FIFO 队列中；程序进入主循环，查询 FIFO 队列中是否有传感器数据，如果有数据，则取出手势数据，点亮对应手势的指示灯；如果没有数据，则继续轮询。

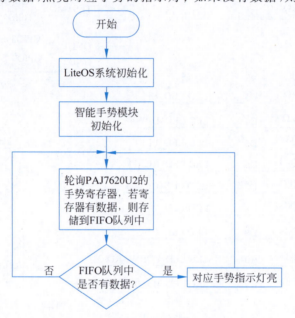

图 6.5.3 智能手势主程序流程图

程序代码如下：

```
void e53_gs_process(void * arg)
{
    unsigned int ret = 0;
    unsigned short flag = 0;

    e53_gs_init();

    while (1)
    {
        ret = e53_gs_get_gesture_state(&flag);
        if (ret != 0)
        {
            printf("Get Gesture Statu: 0x%x\n", flag);
            if (flag & GES_UP)
            {
                printf("\tUp\n");
```

```c
            }
            if (flag & GES_DOWM)
            {
                printf("\tDown\n");
            }
            if (flag & GES_LEFT)
            {
                printf("\tLeft\n");
            }
            if (flag & GES_RIGHT)
            {
                printf("\tRight\n");
            }
            if (flag & GES_FORWARD)
            {
                printf("\tForward\n");
            }
            if (flag & GES_BACKWARD)
            {
                printf("\tBackward\n");
            }
            if (flag & GES_CLOCKWISE)
            {
                printf("\tClockwise\n");
            }
            if (flag & GES_COUNT_CLOCKWISE)
            {
                printf("\tCount Clockwise\n");
            }
            if (flag & GES_WAVE)
            {
                printf("\tWave\n");
            }
            e53_gs_led_up_set((flag & GES_UP) ? (1) : (0));
            e53_gs_led_down_set((flag & GES_DOWM) ? (1) : (0));
            e53_gs_led_left_set((flag & GES_LEFT) ? (1) : (0));
            e53_gs_led_right_set((flag & GES_RIGHT) ? (1) : (0));
            e53_gs_led_forward_set((flag & GES_FORWARD) ? (1) : (0));
            e53_gs_led_backward_set((flag & GES_BACKWARD) ? (1) : (0));
            e53_gs_led_cw_set((flag & GES_CLOCKWISE) ? (1) : (0));
            e53_gs_led_ccw_set((flag & GES_COUNT_CLOCKWISE) ? (1) : (0));
            e53_gs_led_wave_set((flag & GES_WAVE) ? (1) : (0));
        }
        else
        {
            /* 如果没有数据,则继续等待 */
            LOS_Msleep(100);
        }
    }
}
```

2. 智能手势初始化程序设计

智能手势初始化程序主要分为I/O口和PAJ7620U2传感器初始化两部分。

I/O初始化程序主要配置表6.5.1中的GPIO为输出模式,作为LED灯控制I/O口。

表 6.5.1 GPIO 引脚及其功能

GPIO 引脚	功　　能
GPIO0_PB1	LED_UP
GPIO0_PB0	LED_DOWN
GPIO0_PA2	LED_LEFT
GPIO0_PC4	LED_RIGHT
GPIO0_PB4	LED_FORWARD
GPIO0_PB7	LED_BACKWARD
GPIO0_PB6	LED_CW
GPIO0_PB5	LED_CCW
GPIO0_PB2	LED_WAVE

程序代码如下：

```
{
    PinctrlSet(GPIO_LED_UP, MUX_FUNC0, PULL_KEEP, DRIVE_KEEP);
    LzGpioInit(GPIO_LED_UP);
    LzGpioSetDir(GPIO_LED_UP, LZGPIO_DIR_OUT);
    gesture_sensor_led_up(0);

    PinctrlSet(GPIO_LED_DOWN, MUX_FUNC0, PULL_KEEP, DRIVE_KEEP);
    LzGpioInit(GPIO_LED_DOWN);
    LzGpioSetDir(GPIO_LED_DOWN, LZGPIO_DIR_OUT);
    gesture_sensor_led_down(0);

    PinctrlSet(GPIO_LED_LEFT, MUX_FUNC0, PULL_KEEP, DRIVE_KEEP);
    LzGpioInit(GPIO_LED_LEFT);
    LzGpioSetDir(GPIO_LED_LEFT, LZGPIO_DIR_OUT);
    gesture_sensor_led_left(0);

    PinctrlSet(GPIO_LED_RIGHT, MUX_FUNC0, PULL_KEEP, DRIVE_KEEP);
    LzGpioInit(GPIO_LED_RIGHT);
    LzGpioSetDir(GPIO_LED_RIGHT, LZGPIO_DIR_OUT);
    gesture_sensor_led_right(0);

    PinctrlSet(GPIO_LED_FORWARD, MUX_FUNC0, PULL_KEEP, DRIVE_KEEP);
    LzGpioInit(GPIO_LED_FORWARD);
    LzGpioSetDir(GPIO_LED_FORWARD, LZGPIO_DIR_OUT);
    gesture_sensor_led_forward(0);

    PinctrlSet(GPIO_LED_BACKWARD, MUX_FUNC0, PULL_KEEP, DRIVE_KEEP);
    LzGpioInit(GPIO_LED_BACKWARD);
    LzGpioSetDir(GPIO_LED_BACKWARD, LZGPIO_DIR_OUT);
    gesture_sensor_led_backward(0);

    PinctrlSet(GPIO_LED_CW, MUX_FUNC0, PULL_KEEP, DRIVE_KEEP);
    LzGpioInit(GPIO_LED_CW);
    LzGpioSetDir(GPIO_LED_CW, LZGPIO_DIR_OUT);
    gesture_sensor_led_cw(0);

    PinctrlSet(GPIO_LED_CCW, MUX_FUNC0, PULL_KEEP, DRIVE_KEEP);
    LzGpioInit(GPIO_LED_CCW);
    LzGpioSetDir(GPIO_LED_CCW, LZGPIO_DIR_OUT);
```

```
    gesture_sensor_led_ccw(0);

    PinctrlSet(GPIO_LED_WAVE, MUX_FUNC0, PULL_KEEP, DRIVE_KEEP);
    LzGpioInit(GPIO_LED_WAVE);
    LzGpioSetDir(GPIO_LED_WAVE, LZGPIO_DIR_OUT);
    gesture_sensor_led_wave(0);
}
```

初始化 I2C0 进行 PAJ7620U2 传感器读写,配置 I^2C 时钟频率为 400kHz。

```
{
    if (I2cIoInit(m_i2cBus) != LZ_HARDWARE_SUCCESS)
    {
        printf("%s, %d: I2cIoInit failed!\n", __FILE__, __LINE__);
        return;
    }
    if (LzI2cInit(E53_I2C_BUS, m_i2c_freq) != LZ_HARDWARE_SUCCESS)
    {
        printf("%s, %d: I2cIoInit failed!\n", __FILE__, __LINE__);
        return;
    }

    PinctrlSet(GPIO0_PA1, MUX_FUNC3, PULL_KEEP, DRIVE_KEEP);
    PinctrlSet(GPIO0_PA0, MUX_FUNC3, PULL_KEEP, DRIVE_KEEP);
}
```

PAJ7620U2 传感器初始化程序主要用于唤醒传感器,配置 PAJ7620U2 传感器为手势识别模式。

```
{
    uint8_t ret = 0;
    uint32_t size;

    ret = paj7620u2_wake_up();
    if (ret != 0)
    {
        printf("%s, %s, %d: paj7620u2_wake_up failed(%d)\n", __FILE__, __func__, __LINE__, ret);
    }

    /* 初始化 PAJ7620U2 */
    size = sizeof(m_Paj7620u2_InitRegisterConfig) / (sizeof(uint8_t) * 2);
    for (uint32_t i = 0; i < size; i++)
    {
        paj7620u2_write_data(m_Paj7620u2_InitRegisterConfig[i][0], m_Paj7620u2_InitRegisterConfig[i][1]);
    }

    /* 设置为手势识别模式 */
```

```
        size = sizeof(m_Paj7620u2_SetGestureModeConfig) / (sizeof(uint8_t) * 2);
        for (uint32_t i = 0; i < size; i++)
        {
            paj7620u2_write_data(m_Paj7620u2_SetGestureModeConfig[i][0], m_Paj7620u2_
SetGestureModeConfig[i][1]);
        }

        paj7620u2_select_bank(BANK0);
}
```

3. 智慧手势轮询程序设计

智慧手势轮询程序采用轮询的方式,读取 PAJ7620U2 传感器的手势中断寄存器,当获取到手势数据时,将数据写入 FIFO 队列中,以便主程序从 FIFO 中获取手势数据。

```
{
    uint8_t int_flag1 = 0;
    uint8_t int_flag2 = 0;
    uint16_t value = 0;

    while (1)
    {
        /* 读取 PAJ7620U2 的手势中断寄存器 */
        paj7620u2_select_bank(BANK0);
        paj7620u2_read_data(PAJ_REG_GET_INT_FLAG1, &int_flag1);
        paj7620u2_read_data(PAJ_REG_GET_INT_FLAG2, &int_flag2);

        value = 0;
        if (int_flag1 != 0)
        {
            value |= (uint16_t)(int_flag1);
        }
        if (int_flag2 != 0)
        {
            value |= (uint16_t)(int_flag2 << 8);
        }

        if (value != 0)
            FifoPut(&m_fifo_intflags, value);

        LOS_Msleep(100);
    }
}
```

6.5.3 实验结果

程序编译烧写到开发板后,按下开发板的 RESET 按键,通过串口软件查看日志;在智慧手势模块上使用不同的手势操作,对应手势的指示灯响应亮起。

日志内容如下:

```
========== E53 Gesture Sensor Example ==========
Get Gesture Statu: 0x1
    Down
```

```
========== E53 Gesture Sensor Example ==========
Get Gesture Statu: 0x5
    Down
    Left
```

6.6 智慧农业

智慧农业模块构成的系统可以作为温室大棚智能远程监控等系统的一种解决方案。实时检测大棚内的温度、湿度以及光线强度等环境信息,并实时上报华为云服务器。当某项环境参数指标异常,云端下发指令让电机或光照灯工作,进行环境参数的异常补偿,从而为大棚的农作物提供一个理想的生长环境,提高农作物的产量。

6.6.1 硬件电路设计

模块整体硬件电路图如图 6.6.1 所示,电路中包含了 E53 接口连接器,EEPROM K24C02、光线传感器 BH1750FVI、温湿度传感器 SHT30、LED 灯以及电机控制电路,其中 EEPROM、光线传感器 BH1750FVI 与温湿度传感器 SHT30 均为数字接口芯片,直接使用 I^2C 总线控制。BH1750FVI 的简介见 6.2 节。

SHT30 是一款含有已校准数字输出的温湿度复合传感器。该传感器应用工业 COMS 微加工技术,确保其具有极高的可靠性以及长期的稳定性。其内置一个电容式聚合体测湿元件、一个能隙式测温元件和一个 14 位的 A/D 转换器,可应用于除湿器、温湿度调节器以及数据记录器等领域。

下面介绍电机与 LED 灯控制原理。LED 灯与电机均使用三极管 S8050 驱动,S8050 为 NPN 管,当 LED_CTR 为高电平时三极管 Q3 导通,D1 亮。由于电机属于感性线圈,在实际电路工作中对整个电路的干扰比较大,为保证整体系统的稳定性,电机控制增加了一路光耦隔离器,光耦隔离器采用 TLP521-1GB,当控制信号 MOTOR_CTR 为高电平时,光耦导通,进而三极管 Q1 导通,驱动电机转动。

小凌派-RK2206 开发板与智慧农业模块均带有防呆设计,故很容易区分安装方向,直接将模块插到开发板的 E53 母座接口上即可,安装如图 6.6.2 所示。

6.6.2 程序设计

控制器通过 I^2C 接口实时读取当前环境的光线强度以及温湿度信息,通过数据判断是否发送开启紫光灯或者电机工作的命令,当然也可以直接发送命令使紫光灯或者电机工作。

视频讲解

1. 主程序设计

如图 6.6.3 所示为智慧农业主程序流程图,开机 LiteOS 系统初始化后,再进行智慧农业模块的初始化。程序进入主循环,采用轮询的方式,每 2s 获取一次传感器的光线强度、温度和湿度值。当光线强度值小于 20 时,打开紫光灯;当光线强度值大于或等于 20 时,关闭紫光灯。若温度值高于 30 或湿度值大于 60,则打开电机;否则关闭电机。

程序代码如下:

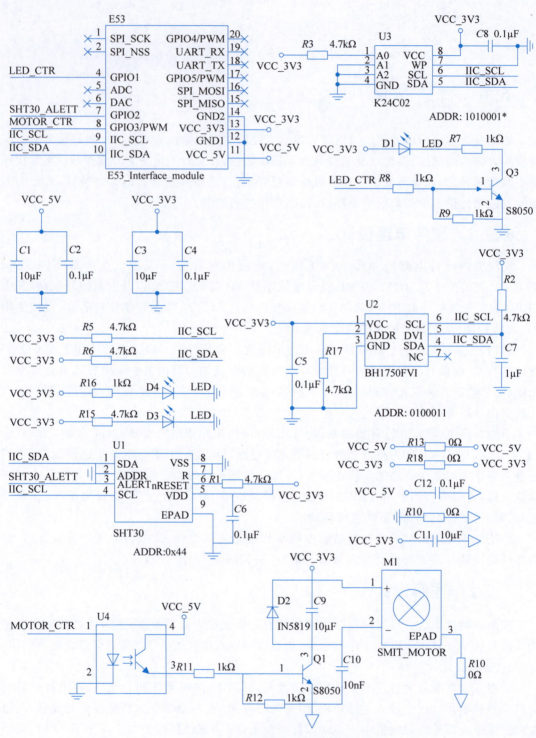

图 6.6.1 模块整体硬件电路图

图 6.6.2 硬件连接图

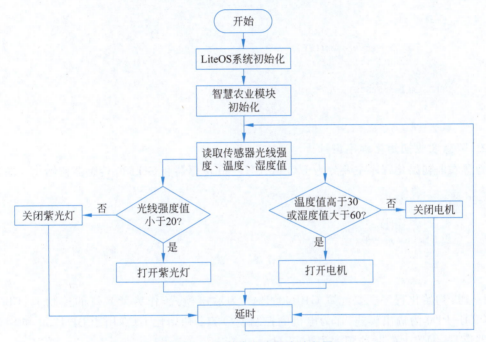

图 6.6.3 智慧农业主程序流程图

```
void e53_ia_thread()
{
    e53_ia_data_t data;

    e53_ia_init();

    while (1)
    {
        e53_ia_read_data(&data);

        printf("\nLuminance is %.2f\n", data.luminance);
        printf("\nHumidity is %.2f\n", data.humidity);
        printf("\nTemperature is %.2f\n", data.temperature);

        if (data.luminance < 20)
        {
```

```
            light_set(ON);
            printf("light on\n");
        }
        else
        {
            light_set(OFF);
            printf("light off\n");
        }

        if ((data.humidity > 60) || (data.temperature > 30))
        {
            motor_set_status(ON);
            printf("motor on\n");
        }
        else
        {
            motor_set_status(OFF);
            printf("motor off\n");
        }
        LOS_Msleep(2000);
    }
}
```

2. 智慧农业初始化程序设计

智慧农业初始化程序主要分为 I/O 口、BH1750 传感器和 SHT30 传感器初始化 3 部分。

```
void e53_ia_init()
{
    e53_ia_io_init();
    init_bh1750();
    init_sht30();
}
```

I/O 口初始化程序主要配置 GPIO0_PA2 为输出模式，作为紫光灯的控制 I/O 口；配置 GPIO1_PD0 为输出模式，作为电机的控制 I/O 口；初始化 I2C0 用于 BH1750 和 SHT30 传感器读写，配置 I^2C 时钟频率为 100kHz。

```
void e53_ia_io_init()
{
    uint32_t ret = LZ_HARDWARE_FAILURE;

    /* 初始化紫光灯 GPIO */
    LzGpioInit(GPIO0_PA2);
    /* 初始化电机 GPIO */
    LzGpioInit(GPIO1_PD0);

    /* 设置 GPIO0_PA2 为输出模式 */
    ret = LzGpioSetDir(GPIO0_PA2, LZGPIO_DIR_OUT);
    if (ret != LZ_HARDWARE_SUCCESS)
    {
        printf("set GPIO0_PA2 Direction fail\n");
    }

    /* 设置 GPIO1_PD0 为输出模式 */
    ret = LzGpioSetDir(GPIO1_PD0, LZGPIO_DIR_OUT);
```

```
    if (ret != LZ_HARDWARE_SUCCESS)
    {
        printf("set GPIO0_PD0 Direction fail\n");
    }
    /*初始化I2C*/
    if (I2cIoInit(m_ia_i2c0m2) != LZ_HARDWARE_SUCCESS)
    {
        printf("init I2C I2C0 io fail\n");
    }
    /*I2C时钟频率100kHz*/
    if (LzI2cInit(IA_I2C0, 100000) != LZ_HARDWARE_SUCCESS)
    {
        printf("init I2C I2C0 fail\n");
    }
}
```

BH1750 传感器初始化程序通过 I2C0 向 BH1750 传感器写入通电命令 01H, 开始等待测量命令。

```
void init_bh1750()
{
    uint8_t send_data[1] = {0x01};
    uint32_t send_len = 1;

    LzI2cWrite(ISL_I2C0, BH1750_ADDR, send_data, send_len);
}
```

SHT30 传感器初始化程序通过 I2C0 向 SHT30 传感器写入测量周期命令 2236H, 配置传感器为高重复性测量, 每秒测量 2 次。SHT30 传感器命令集如表 6.6.1 所示。

表 6.6.1 SHT30 传感器命令集

分类		十六进制的色彩编码命令	
重复性	每秒测试次数	MSB	LSB
高	0.5	0x20	32
中			24
低			2F
高	1	0x21	30
中			26
低			2D
高	2	0x22	36
中			20
低			2B
高	4	0x23	34
中			22
低			29
高	10	0x27	37
中			21
低			2A

程序代码如下：

```
void init_sht30()
{
    uint8_t send_data[2] = {0x22, 0x36};
    uint32_t send_len = 2;

    LzI2cWrite(IA_I2C0, SHT30_ADDR, send_data, send_len);
}
```

3. 获取传感器数据程序设计

获取传感器数据程序主要分为 BH1750 传感器数据获取和 SHT30 传感器数据获取两部分。

BH1750 传感器通过 I^2C 下发命令来测量并获取数据，延时一定时间后，开始读取 BH1750 传感器的寄存器值，读取两字节数据，其中第一字节数据为高 8 位，第二字节数据为低 8 位数据，亮度值为高 8 位和低 8 位数据合并为 16 字节数据除以 1.2。

```
start_bh1750();
LOS_Msleep(180);

LzI2cRead(IA_I2C0, BH1750_ADDR, recv_data, receive_len);
pData->luminance = (float)(((recv_data[0]<<8) + recv_data[1])/1.2);
```

SHT30 传感器通过 I^2C 下发读取数据命令 E000H 来获取数据；I^2C 读取 6 字节数据，其中第一字节为温度值高位，第二字节为温度值低位，第三字节为温度校验值，第四字节为湿度值高位，第五字节为湿度值低位，第六字节为湿度校验值，分别计算温度、湿度校验值，若校验值与温度、湿度校验值一致，则说明数据正确。通过 sht30_calc_temperature 计算温度值，通过 sht30_calc_RH 计算湿度值。

```
/* checksum verification */
uint8_t data[3];
uint16_t tmp;
/* byte 0,1 is temperature byte 4,5 is humidity */
uint8_t SHT30_Data_Buffer[6];
memset(SHT30_Data_Buffer, 0, 6);
uint8_t send_data[2] = {0xE0, 0x00};
uint32_t send_len = 2;
LzI2cWrite(IA_I2C0, SHT30_ADDR, send_data, send_len);
receive_len = 6;
LzI2cRead(IA_I2C0, SHT30_ADDR, SHT30_Data_Buffer, receive_len);

/* check temperature */
data[0] = SHT30_Data_Buffer[0];
data[1] = SHT30_Data_Buffer[1];
data[2] = SHT30_Data_Buffer[2];
rc = sht30_check_crc(data, 2, data[2]);
if(!rc)
{
    tmp = ((uint16_t)data[0] << 8) | data[1];
    pData->temperature = sht30_calc_temperature(tmp);
}
```

```
/* check humidity */
data[0] = SHT30_Data_Buffer[3];
data[1] = SHT30_Data_Buffer[4];
data[2] = SHT30_Data_Buffer[5];
rc = sht30_check_crc(data, 2, data[2]);
if(!rc)
{
    tmp = ((uint16_t)data[0] << 8) | data[1];
    pData->humidity = sht30_calc_RH(tmp);
}
```

SHT30 传感器计算温度的公式如下(S_T 为测量数据):

$$T[℃] = -45 + 175 \times \frac{S_T}{2^{16}-1}$$

$$T[℉] = -49 + 315 \times \frac{S_T}{2^{16}-1}$$

SHT30 传感器计算湿度的公式如下(S_{RH} 为测量数据):

$$RH = 100 \times \frac{S_{RH}}{2^{16}-1}$$

6.6.3 实验结果

程序编译烧写到开发板后,按下开发板的 RESET 按键,通过串口软件查看日志;通过遮挡智慧农业模块上的光线传感器来改变光线强度值,当光线强度值小于 20 时,紫光灯打开;当光线强度值大于 20 时,紫光灯关闭。通过控制环境的温度或者湿度,当温度值高于30 或者湿度值大于 60 时,电机打开;当温度值低于或等于 30 并且湿度值小于或等于 60 时,电机关闭。

日志内容如下:

```
Luminance is 153.33
Humidity is 37.69
Temperature is 21.30
light on
motor off
Luminance is 726.67
Humidity is 61.02
Temperature is 20.79
light off
motor on
Luminance is 697.50
Humidity is 58.78
Temperature is 20.94
light off
motor off
```

6.7 思考和练习

(1) 智慧井盖模块如何判断井盖是否倾斜或被移动?

（2）智慧车载模块测量前方障碍物距离的原理是什么？如何计算与障碍物的距离？

（3）FIFO（先进先出）的原理是什么？智能手势模块为什么要采用FIFO来处理数据？

（4）结合相关知识，阐述你理想中的智慧家居包含的功能，使用的传感器以及使用方法。

（5）结合相关知识，阐述你理想中的智慧城市包含的功能，使用的传感器以及使用方法。

（6）设计并编写一个程序，使用智慧井盖模块和智慧路灯模块组成智慧城市应用，实现如下功能：

获取智慧井盖模块和智慧路灯模块传感器数据，智慧城市应用统一管理传感器数据；从EEPROM中读取传感器控制阈值（如智慧井盖倾斜角度阈值、智慧路灯光线强度阈值），用于自动控制智慧井盖和智慧路灯。

（7）设计并编写一个程序，使用智慧车载模块，实现如下功能：

获取智慧车载模块传感器距离数据，并将距离数据显示到LCD上，实现可视化距离显示。

（8）设计并编写一个程序，使用智慧农业模块，实现如下功能：

获取智慧农业模块传感器数据；从EEPROM中读取传感器温度、湿度和光线强度控制阈值，用于自动控制智慧农业模块，将传感器数据显示到LCD上，实现可视化农业信息显示。

第 4 篇

网络实战篇

- 第 7 章　网络基础知识与编程
- 第 8 章　物联网协议与移植
- 第 9 章　畅游华为云

第 7 章　网络基础知识与编程

7.1　网络基础知识概述

网络基础知识的核心内容就是网络协议的学习。网络协议是为计算机网络进行数据交换而建立的规则、标准，或者说是约定的集合。因为不同用户的数据终端采用的字符集可能是不同的，所以两者需要进行通信，并且必须要在一定的标准上进行。一个很形象的比喻就是我们的语言，我们祖国地广人多，地方性语言也非常丰富，而且方言之间差距巨大。A 地区的方言可能 B 地区的人根本无法接受，所以要建立一个语言标准，这就是普通话的作用。

计算机网络协议同我们的语言一样，多种多样。1997—1999 年，ARPA 公司推出了一种名为 ARPANET 的网络协议受到了热捧，其中最主要的原因就是它推出了人尽皆知的 TCP/IP 标准网络协议。目前 TCP/IP 已经成为 Internet 中的"通用语言"。图 7.1.1 所示为不同计算机群之间利用 TCP/IP 进行通信的示意图。

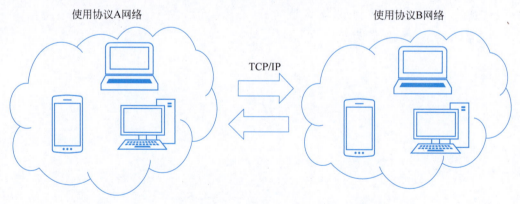

图 7.1.1　不同计算机群之间利用 TCP/IP 进行通信的示意图

7.1.1　网络层次划分

为了使不同计算机厂家生产的计算机能够相互通信，以便在更大的范围内建立计算机网络，国际标准化组织（ISO）在 1978 年提出了"开放系统互连参考模型"，即著名的 OSI/RM（Open System Interconnection/Reference Model）模型。它将计算机网络体系结构的通信协议划分为 7 层，自下而上依次为：物理层（Physics Layer）、数据链路层（Data Link

Layer)、网络层(Network Layer)、传输层(Transport Layer)、会话层(Session Layer)、表示层(Presentation Layer)和应用层(Application Layer)。其中第四层完成数据传送服务,上面 3 层面向用户。

除了标准的 OSI 七层模型以外,常见的网络层次划分还有 TCP/IP 四层模型以及 TCP/IP 五层模型,它们之间的对应关系如图 7.1.2 所示。

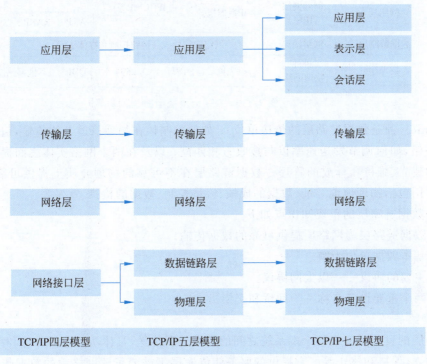

图 7.1.2 网络分层图

7.1.2 OSI 七层网络模型

TCP/IP 是互联网的基础协议,没有它根本不可能上网,任何与互联网有关的操作都离不开 TCP/IP。不管是 OSI 七层模型还是 TCP/IP 的四层或五层模型,每一层中都要自己的专属协议,完成自己相应的工作以及与上下层级之间的沟通。由于 OSI 七层模型按网络的标准层次划分,如图 7.1.3 所示,所以下面以 OSI 七层模型为例从下向上进行一一介绍。

1. 物理层

激活、维持、关闭通信端点之间的机械特性、电气特性、功能特性以及过程特性。该层为上层协议提供了一个可靠传输数据的物理介质。简单地说,物理层确保原始的数据可在各种物理介质上传输。物理层会记住两个重要的设备名称:中继器(Repeater,也叫放大器)和集线器。

2. 数据链路层

数据链路层在物理层提供服务的基础上向网络层提供服务,其最基本的服务是将源自网络层的数据可靠地传输到相邻节点的目标机网络层。为达到这一目的,数据链路必须具备一系列相应的功能,主要包括:如何将数据组合成数据块(在数据链路层中称这种数据块

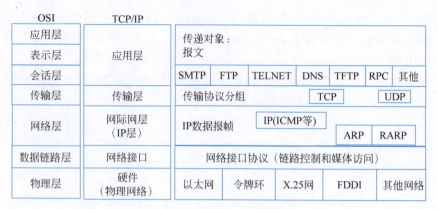

图 7.1.3　OSI 七层模型图

为帧(frame),帧是数据链路层的传送单位);如何控制帧在物理信道上的传输,包括如何处理传输差错,如何调节发送速率以与接收方相匹配;以及在两个网络实体之间提供数据链路通路的建立、维持和释放的管理。数据链路层在不可靠的物理介质上提供可靠的传输。该层的作用包括物理地址寻址、数据的成帧、流量控制、数据的检错、重发等。

有关数据链路层的重要知识点如下。

(1) 数据链路层为网络层提供可靠的数据传输。

(2) 基本数据单位为帧。

(3) 主要的协议——以太网协议。

(4) 两个重要设备名称——网桥和交换机。

3. 网络层

网络层的目的是实现两个端系统之间的数据透明传送,具体功能包括寻址和路由选择、连接的建立、保持和终止等。它提供的服务使传输层不需要了解网络中的数据传输和交换技术。简单地说,就是路径选择、路由及逻辑寻址。

网络层中涉及众多的协议,其中包括最重要的协议,也是 TCP/IP 的核心协议——IP(Internet Protocol,因特网协议)。IP 非常简单,仅仅提供不可靠、无连接的传送服务。IP 的主要功能包括无连接数据报传输、数据报路由选择和差错控制。与 IP 配套使用实现其功能的还有地址解析协议(Address Resolution Protocol,ARP)、反向地址解析协议(Reverse Address Resolution Protocol,RARP)、因特网控制消息协议(Internet Control Message Protocol,ICMP)、因特网组管理协议(Internet Group Management Protocol,IGMP)。

有关网络层的重要知识点如下。

(1) 网络层负责对子网间的数据包进行路由选择。此外,网络层还可以实现拥塞控制、网际互联等功能。

(2) 基本数据单位为 IP 数据报。

(3) 包含的主要协议——IP、ICMP、ARP 和 RARP。

(4) 重要的设备——路由器。

4. 传输层

传输层负责将上层数据分段并提供端到端的、可靠的或不可靠的传输。此外,传输层还要处理端到端的差错控制和流量控制问题。

传输层的任务是根据通信子网的特性,最有效地利用网络资源,在两个端系统的会话层之间提供建立、维护和取消传输连接的功能,负责端到端的可靠数据传输。在这一层,信息传送的协议数据单元称为段或报文。

网络层只是根据网络地址将源节点发出的数据包传送到目的节点,而传输层则负责将数据可靠地传送到相应的端口。

有关传输层的重要知识点如下。

(1) 传输层负责将上层数据分段并提供端到端的、可靠的或不可靠的传输以及端到端的差错控制和流量控制。

(2) 包含的主要协议——TCP(Transmission Control Protocol,传输控制协议)、UDP(User Datagram Protocol,用户数据报协议)。

(3) 重要设备——网关。

5. 会话层

会话层管理主机之间的会话进程,即负责建立、管理、终止进程之间的会话。会话层还通过在数据中插入校验点来实现数据的同步。

6. 表示层

表示层对上层数据或信息进行变换以保证一个主机应用层信息可以被另一个主机的应用程序理解。表示层的数据转换包括数据的加密、压缩、格式转换等。

7. 应用层

为操作系统或网络应用程序提供访问网络服务的接口。

有关会话层、表示层和应用层的重点知识点如下。

(1) 数据传输基本单位为报文。

(2) 包含的主要协议——FTP(File Transfer Protocol,文件传输协议)、Telnet(远程登录协议)、DNS(Domain Name System,域名解析协议)、SMTP(Simple Mail Transfer Protocol,简单邮件传送协议)、POP3(Post Office Protocol Version 3,邮局协议版本3)、HTTP(HyperText Transfer Protocol,超文本传送协议)。

7.1.3 IP 地址

1. 网络地址

IP 地址由网络号(包括子网号)和主机号组成,网络地址的主机号为全0,网络地址可用于代表整个网络。

2. 广播地址

广播地址通常称为直接广播地址,是为了区分受限广播地址。

广播地址与网络地址的主机号正好相反,在广播地址中,主机号为全1。当向某个网络的广播地址发送消息时,该网络内的所有主机都能收到该广播消息。

3. 组播地址

D 类地址就是组播地址。

A 类地址以二进制位0开头,第一字节作为网络号,地址范围为 0.0.0.0～127.255.255.255;

B 类地址以二进制位10开头,前两字节作为网络号,地址范围为 128.0.0.0～191.

255.255.255；

C 类地址以二进制位 110 开头，前三字节作为网络号，地址范围为 192.0.0.0～223.255.255.255；

D 类地址以二进制位 1110 开头，地址范围为 224.0.0.0～239.255.255.255，D 类地址作为组播地址（一对多的通信）；

E 类地址以二进制位 1111 开头，地址范围为 240.0.0.0～255.255.255.255，E 类地址为保留地址，供以后使用。

注意：只有 A、B、C 类地址有网络号和主机号之分，D 和 E 类地址没有划分网络号和主机号。

4. 255.255.255.255

该 IP 地址是指受限的广播地址。受限广播地址与一般广播地址（直接广播地址）的区别在于，受限广播地址只能用于本地网络，路由器不会转发以受限广播地址为目的地址的分组；一般广播地址既可在本地广播，也可跨网段广播。一般的广播地址能够通过某些路由器（当然不是所有的路由器），而受限的广播地址不能通过路由器。

5. 0.0.0.0

常用于寻找自己的 IP 地址，例如在 RARP、BOOTP 和 DHCP 中，若某个未知 IP 地址的无盘机想要知道自己的 IP 地址，它就以 255.255.255.255 为目的地址，向本地范围（具体而言是被各个路由器屏蔽的范围）内的服务器发送 IP 请求分组。

6. 回环地址

127.0.0.0/8 被用作回环地址，回环地址表示本机的地址，常用于对本机的测试，使用最多的是 127.0.0.1。

7. A、B、C 类私有地址

私有地址（private address）也叫专用地址，它们不会在全球使用，只具有本地意义。

A 类私有地址：10.0.0.0/8，范围是 10.0.0.0～10.255.255.255。

B 类私有地址：172.16.0.0/12，范围是 172.16.0.0～172.31.255.255。

C 类私有地址：192.168.0.0/16，范围是 192.168.0.0～192.168.255.255。

7.1.4　子网掩码

随着互联网应用的不断扩大，原先的 IPv4（Internet Protocol version 4，互联网通信协议）版本的弊端也逐渐暴露出来，即网络号占位太多，而主机号位太少，所以其能提供的主机地址也越来越稀缺。子网掩码就是在 IPv4 地址资源紧缺背景下为了解决 IP 地址分配而产生的虚拟 IP 技术，通过子网掩码将 A、B、C 三类地址划分位若干子网，提供给不同规模的用户群使用。

子网掩码和 IP 地址一样，也是 32 位二进制地址组成，使用点式十进制数来表示。子网掩码由一系列的 1 和 0 组成，A 类地址的子网掩码为 255.0.0.0，B 类地址的子网掩码为 255.255.0.0，C 类地址的子网掩码为 255.255.255.0。将 32 位子网掩码与 IP 地址进行二进制形式的按位与运算得到的就是网络地址，将子网掩码取反后再和 IP 地址按位与运算得到的是主机地址。如果两个 IP 地址在子网掩码按位与运算所得结果相同，则表明它们共属于同一子网。

7.1.5 ARP/RARP

地址解析协议（Address Resolution Protocol，ARP）是根据 IP 地址获取物理地址的一个 TCP/IP。主机发送信息时将包含目标 IP 地址的 ARP 请求广播到网络上的所有主机，并接收返回消息，以此确定目标的物理地址；收到返回消息后将该 IP 地址和物理地址存入本机 ARP 缓存中并保留一定时间，下次请求时直接查询 ARP 缓存以节约资源。地址解析协议是建立在网络中各个主机互相信任的基础上的，网络上的主机可以自主发送 ARP 应答消息，其他主机收到应答报文时不会检测该报文的真实性就会将其存入本机 ARP 缓存；由此攻击者就可以向某一主机发送伪 ARP 应答报文，使其发送的信息无法到达预期的主机或到达错误的主机，这就构成了一个 ARP 欺骗。ARP 命令可用于查询本机 ARP 缓存中 IP 地址和 MAC 地址的对应关系、添加或删除静态对应关系等。

ARP 工作流程举例：主机 A 的 IP 地址为 192.168.1.1，MAC 地址为 0A-11-22-33-44-01；主机 B 的 IP 地址为 192.168.1.2，MAC 地址为 0A-11-22-33-44-02。当主机 A 要与主机 B 通信时，地址解析协议可以将主机 B 的 IP 地址（192.168.1.2）解析成主机 B 的 MAC 地址，以下为工作流程：

（1）根据主机 A 上的路由表内容，确定用于访问主机 B 的转发 IP 地址是 192.168.1.2。然后主机 A 在自己的本地 ARP 缓存中检查主机 B 的匹配 MAC 地址。

（2）如果主机 A 在 ARP 缓存中没有找到映射，那么它将询问 192.168.1.2 的硬件地址，从而将 ARP 请求帧广播到本地网络上的所有主机。源主机 A 的 IP 地址和 MAC 地址都包括在 ARP 请求中。本地网络上的每台主机都接收到 ARP 请求并且检查是否与自己的 IP 地址匹配。如果主机发现请求的 IP 地址与自己的 IP 地址不匹配，那么它将丢弃 ARP 请求。

（3）主机 B 确定 ARP 请求中的 IP 地址与自己的 IP 地址匹配，则将主机 A 的 IP 地址和 MAC 地址映射添加到本地 ARP 缓存中。

（4）主机 B 将包含其 MAC 地址的 ARP 回复消息直接发送回主机 A。

（5）当主机 A 收到从主机 B 发来的 ARP 回复消息时，会用主机 B 的 IP 和 MAC 地址映射更新 ARP 缓存。本机缓存是有生存期的，生存期结束后，将再次重复上面的过程。主机 B 的 MAC 地址一旦确定，主机 A 就能向主机 B 发送 IP 进行通信了。

逆地址解析协议（即 RARP）将局域网中某个主机的物理地址转换为 IP 地址，比如局域网中有一台主机只知道物理地址而不知道 IP 地址，那么可以通过 RARP 发出征求自身 IP 地址的广播请求，然后由 RARP 服务器负责回答。以下为 RARP 的工作流程：

（1）给主机发送一个本地的 RARP 广播，在此广播包中，声明自己的 MAC 地址并且请求任何收到此请求的 RARP 服务器分配一个 IP 地址。

（2）本地网段上的 RARP 服务器收到此请求后，检查其 RARP 列表，查找该 MAC 地址对应的 IP 地址。

（3）如果存在，则 RARP 服务器给源主机发送一个响应数据包并将此 IP 地址提供给对方主机使用。

（4）如果不存在，则 RARP 服务器对此不做任何响应。

（5）源主机收到从 RARP 服务器的响应信息，就利用得到的 IP 地址进行通信；如果一直没有收到 RARP 服务器的响应信息,则表示初始化失败。

7.1.6　路由选择协议

常见的路由选择协议有 RIP、OSPF 协议。

路由信息协议(Routing Information Protocol,RIP):底层是贝尔曼-福特算法,它选择路由的度量标准(metric)是跳数,最大跳数是 15 跳,如果大于 15 跳,则丢弃数据包。

开放最短通路优先(Open Shortest Path First,OSPF)协议:底层是迪杰斯特拉算法,是链路状态路由选择协议,它选择路由的度量标准是带宽、延迟。

7.1.7　TCP/IP

TCP/IP 是 Internet 最基本的协议,由网络层的 IP 和传输层的 TCP 组成。IP 给 Internet 的每一台联网设备规定一个地址;TCP 负责发现传输的问题,一有问题就发出信号,要求重新传输,直到所有数据安全正确地传输到目的地。

IP 层接收由更低层(网络接口层,例如以太网设备驱动程序)发来的数据包,并将该数据包发送到更高层 TCP 或 UDP 层;相反,IP 层也将从 TCP 或 UDP 层接收来的数据包传送到更低层。IP 数据包是不可靠的,因为 IP 并没有做任何事情来确认数据包是否按顺序发送或者是否被破坏,IP 数据包中含有发送它的主机地址(源地址)和接收它的主机地址(目的地址)。

TCP 是面向连接的通信协议,通过三次握手建立连接,通信完成时要拆除连接,由于 TCP 是面向连接的,所以只能用于端到端的通信。TCP 提供的是一种可靠的数据流服务,采用"带重传的肯定确认"技术来实现传输的可靠性。TCP 通过一种称为"滑动窗口"的方式进行流量控制。所谓窗口,实际表示接收能力,用来限制发送方的发送速度。

以下说明 TCP/IP 的 3 个重要概念。

1. TCP 报文字段

TCP 报文是 TCP 层传输的数据单元,也称为报文端。TCP 报文中每个字段内容如图 7.1.4 所示。

TCP 报文每个字段的含义如下。

(1) 源端号——占 16 位,源计算机上的应用程序端口号。

(2) 目的端号——占 16 位,目的计算机的应用程序端口号。

(3) 序号——占 32 位,表示本报文段所发送数据的第一字节的编号。在 TCP 连接中,所传送的字节流的每一个字节都会按顺序编号。当 SYN 不为 1 时,表示序号为数据传输时本报文第一字节的序列号;当 SYN 为 1 时,表示序号为初始序列值,用于对序列号进行同步。

(4) 确认号——占 32 位,表示接收方期望收到发送方下一个报文的第一字节数据的编号。该值是接收端即将接收到的下一个报文的序号。

(5) 数据偏移——占 4 位,表示数据段中的"数据"部分起始处距离 TCP 数据段起始处的字节偏移量。也就是告诉接收端,数据从本报文的哪里开始。

(6) 保留——占 6 位,为 TCP 将来的发展预留空间,目前必须全部为 0。

(7) 标志位——占 6 位,各标志位具体含义如下。

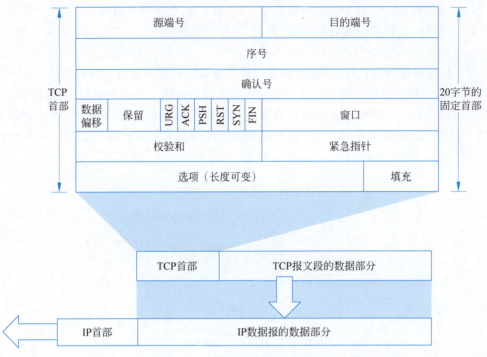

图 7.1.4　TCP 报文中每个字段内容

- URG(Urgent)——表示本报文段中发送的数据是否包含紧急数据。当 URG＝1 时，表示有紧急数据，发送端 TCP 将紧急数据插到本报文段数据的最前面，优先发送。
- ACK(Acknowledgment)——表示前面的确认号字段是否有效。只有当 ACK＝1 时，前面的确认号字段才有效。TCP 规定，连接建立后，ACK 必须为 1。
- PSH(Push)——告诉对方收到该报文段后是否立即把数据推送给上层。如果值为 1，则表示应当立即把数据提交给上层，而不是缓存起来。
- RST(Reset)——表示是否重置连接。如果 RST＝1，则说明 TCP 连接出现了严重错误（如主机崩溃），必须释放连接，然后再重新建立连接。
- SYN(Synchronization)——在建立连接时使用，用来同步序号。当 SYN＝1，ACK＝0 时，表示这是一个请求建立连接的报文段；当 SYN＝1，ACK＝1 时，表示对方同意建立连接。当 SYN＝1 时，说明这是一个请求建立连接或同意建立连接的报文。只有在前两次握手中 SYN 才为 1。
- FIN(Finish)——标记数据是否发送完毕。如果 FIN＝1，则表示数据已经发送完成，可以释放连接。

（8）窗口——占 16 位，表示从确认号开始还可以接收多少字节的数量，也表示当前接收端的接收窗口还有多少剩余空间。该字段可以用于 TCP 的流量控制。

（9）校验和——占 16 位，确认传输的数据是否有损坏。校验和是根据 TCP 首部＋TCP 数据部分进行计算而得到的数值。发送端基于数据内容校验生成一个数值，接收端根据接收的数据校验生成一个值。两个值必须相同，才能证明数据是有效的。如果两个值不同，则丢掉这个数据包。

(10) 紧急指针——占 16 位,当标志位 URG=1 时,该字段才有效。

(11) 选项——长度不定,但长度必须是 32 位的整数倍。

2. 三次握手

TCP 是面向连接的协议,所以每次发起数据通信时都需要和对方进行确认。TCP 客户端和 TCP 服务器在通信之前需要做三次握手才能建立连接。所谓三次握手,是指建立一个 TCP 连接时需要客户端和服务器端总共发送三个报文以确认连接的建立。在 socket 编程中,这一过程由客户端执行 connect 函数来直接执行。TCP 的三次握手如图 7.1.5 所示。

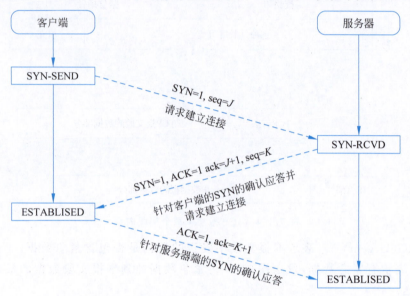

图 7.1.5 TCP 的三次握手

第 1 次握手:客户端向服务器发送 SYN 报文(即报文的标识位 SYN=1,seq=J。其中,seq 的数值 J 是随机生成的)表示建立连接的请求,并进入 SYN_SENT 状态(即客户端进入 SYN 已发送状态),等待服务器确认。

第 2 次握手:服务器接收到客户端的 SYN 报文后,服务器向客户端发送 SYN+ACK 报文(即该报文的标志位 SYN=1,ACK=1,ack=J+1,seq=K。其中,ACK 为该报文标志位 ACK,ACK=1 表示该报文是确认报文;ack 为该报文中的 ack 字段;J 为第 1 次握手时客户端发送的 SYN 报文中的 seq;K 是服务器随机生成的),并进入 SYN_RECV 状态(即服务器进入 SYN 接收等待状态),等待客户端确认。服务器发送 SYN+ACK 报文后,进入 SYN_RECV 状态(即服务器进入 SYN 接收等待状态),等待客户端确认。

第 3 次握手:客户端接收到服务器的 SYN+ACK 报文(即第 2 次握手时服务器发送的 SYN+ACK 报文),客户端进入 ESTABLISHED 状态(即监听状态,等待服务器发送的数据),并向服务器发送 ACK 报文(即报文的标志位 ACK=K+1,其中 K 是第 2 次握手服务器发送的 SYN 报文中的 SEQ=K)。服务器接收到客户端的 ACK 报文后进入 ESTABLISHED 状态(即监听状态,等待客户端发送的数据)。

如此进行三次握手,客户端与服务器之间可以开始传输数据了。

3. 四次挥手

当客户端和服务器不再进行通信时,都会以四次挥手的方式结束连接。TCP 的四次挥手如图 7.1.6 所示。

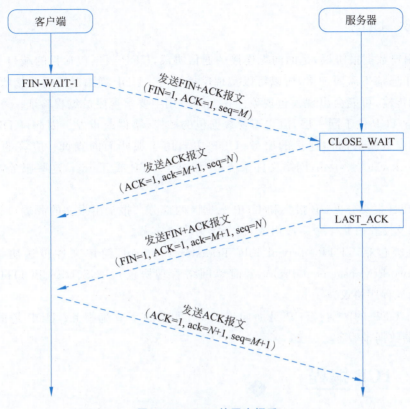

图 7.1.6 TCP 的四次挥手

第 1 次挥手：客户端向服务器发送断开 TCP 连接请求的 FIN＋ACK 报文（即表示客户端要断开 TCP 连接）。其中，$FIN=1,ACK=1,seq=M$，M 是客户端随机生成的。客户端进入 FIN_WAIT_1 状态（即请求断开 TCP 等待状态 1）。

第 2 次挥手：当服务器接收到客户端发来的断开 TCP 连接的请求（即第 1 次挥手的 FIN＋ACK 报文）后，服务器向客户端发送 ACK 报文，表示已经收到断开 TCP 请求。其中，回复的 ACK 报文的字段 $ACK=1,ack=M+1$（M 为第 1 次挥手的 FIN＋ACK 报文的 seq）。服务器进入 CLOSE_WAIT 状态（即等待关闭 TCP 连接状态）。

第 3 次挥手：服务器在回复完客户端的 TCP 断开请求后，不会马上将 TCP 的连接断开。服务器会先确认 TCP 断开前，所有传输到客户端的数据是否已经传输完毕。服务器确认数据传输完毕才进行断开，并向客户端发送 FIN＋ACK 报文。其中，该 FIN＋ACK 报文的标志位 $FIN=1,ACK=1,ack=M+1,seq=N$，$M$ 为第 1 次挥手时客户端发送的 FIN＋ACK 报文的 seq，N 是服务器随机生成的。服务器进入 LAST_ACK 状态（即最后确认状态，等待接收客户端的 ACK 报文）。

第 4 次挥手：客户端接收到服务器发来的 TCP 断开连接报文后，向服务器发送 ACK 报文，表示收到断开 TCP 连接报文。其中，ACK 报文的 $ACK=1,ack=N+1,seq=M+1$，N 为第 3 次挥手时服务器发送的 FIN＋ACK 报文的 seq，M 为第 1 次挥手时客户端发送的 FIN＋ACK 报文的 seq。

客户端和服务器相互之间挥手四次后正式断开 TCP 连接。

7.1.8　UDP

UDP 用户数据报协议,是面向无连接的通信协议,UDP 数据包括目的端口号和源端口号信息,由于通信不需要连接,所以可以实现广播发送。UDP 通信时不需要接收方确认,属于不可靠的传输,可能会出现丢包现象。在实际应用中要求程序员编程验证。

UDP 与 TCP 位于同一层,但它不管数据包的顺序、错误或重发。因此,UDP 不被应用于那些使用虚电路的面向连接的服务,UDP 主要用于那些面向查询—应答的服务,例如 NFS(Network File System,网络文件系统)。相对于 FTP 或 Telnet,这些服务需要交换的信息量较小。

每个 UDP 报文分 UDP 报头和 UDP 数据区两部分。报头由报文的源端口、目的端口、报文长度以及校验值共 4 个字段组成,每个字段占 2 字节。

UDP 主要包括 TFTP(Trivial File Transfer Protocol,简单文件传送协议)、SNMP(Simple Network Management Protocol,简单网络管理协议)、DNS、NFS、BOOTP(Bootstrap Protocol,引导程序协议)。

TCP 与 UDP 的区别:TCP 是面向连接的、可靠的字节流服务;UDP 是面向无连接的、不可靠的数据报服务。

7.2　TCP 编程

TCP 是一种面向连接的、可靠的、基于字节流的传输层通信协议。TCP 具有以下特点。
(1) 电话系统服务模式的抽象;
(2) 每一次完整的数据传输都要经过建立连接、使用连接、终止连接的过程;
(3) 可靠、出错重传且每收到一个数据都要给出相应的确认,保证数据传输的可靠性。

7.2.1　TCP 编程的 C/S 架构

基于 TCP 的网络编程开发分为服务器端和客户端两部分,TCP 通信流程图如图 7.2.1 所示。

对于 TCP 客户端编程流程,有点类似打电话过程:找到可以通话的手机(socket()),再拨通对方号码并确定对方是自己要找的人(connect()),然后主动聊天(send()或 write())或者接收对方的回话(recv()或 read()),等待通信结束后,双方说再见挂电话(close())。

7.2.2　TCP 编程接口分析

1. 创建套接字

```
# include < sys/types.h >
# include < sys/socket.h >
int socket(int domain, int type, int protocol);
```

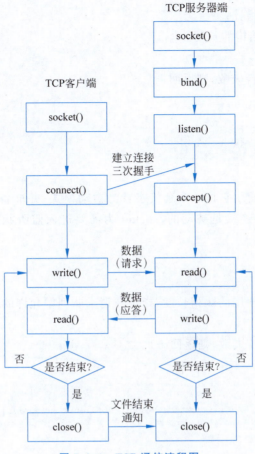

图 7.2.1　TCP 通信流程图

1）功能

创建一个套接字（socket）并返回一个描述符，该描述符可以用来访问该套接字。

2）参数

family：本示例写 AF_INET，代表 IPv4；

type：本示例写 SOCK_STREAM，代表 TCP 数据流；

protocol：这里写 0，设为 0 表示使用默认协议。

3）返回值

若成功，则返回套接字；若失败，则返回 0。

2. 命名套接字

```
#include <sys/socket.h>
int bind(int socket, const struct sockaddr * address, size_t address_len);
```

1）功能

将参数 address 中的地址分配给与文件描述符 socket 关联的未命名套接字，用于服务器端，地址结构的长度由参数 address_len 传递。

2）参数

socket：socket 套接字；

address：地址结构指针；

address_len：地址结构的长度。

3) 返回值

若成功,则返回 0；若失败,则返回 −1。

3. 监听套接字

```
#include <sys/socket.h>
int listen(int socket, int backlog);
```

1) 功能

面向连接的套接字使用它将一个套接字置为被动模式,并准备接收传入连接。用于服务器端,指明某个套接字连接是被动的,socket 为需要进入监听状态的套接字,backlog 为请求队列的最大长度。

2) 参数

socket：socket 套接字；

backlog：该套接字使用的队列长度,指定在请求队列中允许的最大请求数。

3) 返回值

若成功,则返回 0；若失败,则返回 −1。

4. 接收客户端请求

```
#include <sys/socket.h>
int accept(int socket, struct sockaddr *addr, socklen_t *addrlen);
```

1) 功能

接收客户端请求,从已连接队列中取出一个"连接"用于服务器端。当程序调用 accept() 的时候(设置阻塞参数),判定该套接字是否可读,若不可读则进入睡眠,直至已完成队列中的元素个数大于 0(监听套接字可读)而唤起监听进程。accept() 返回一个新的套接字来和客户端通信,addr 保存了客户端的 IP 地址和端口号,socket 是服务器端的套接字,请注意区分。后面和客户端通信时,要使用这个新生成的套接字,而不是原来服务器端的套接字。

2) 参数

socket：服务器端套接字；

addr：一个 const struct sockaddr * 指针,用来保存服务器端的 socket 地址(包括 IP、端口等信息)。如果不想保存服务器端的信息,则可将这个参数设置为 NULL；

addrlen：参数 addr 的长度。

3) 返回值

若成功,则返回 connect_fd；若失败,则返回负数。

5. 连接服务器

```
#include <sys/socket.h>
int connect(int socket, const struct sockaddr *addr, socklen_t addlen);
```

1) 功能

同远程服务器建立主动连接。

2) 参数

socket：服务器端套接字；

addr：套接字想要连接的主机地址和端口号；

addrlen：参数 addr 的长度。

3) 返回值

若成功,则返回 0；若失败,则返回 －1,相应的 errno(错误原因码)变量值会被设置,用户可以通过这个值确定 connect()连接时哪里发生了错误。

6. 发送数据

```
# include < sys/socket.h >
int write(int socket, const void * buf, size_t count);
```

1) 功能

通过 socket 发送数据,将数据从应用层复制到内核缓冲区。

2) 参数

socket：若为服务器端,则为 accept()函数的返回值；若为客户端,则为自己的 socket 描述符；

buf：需要发送数据的地址；

count：需要发送数据的长度。

3) 返回值

若成功,则返回发送数据的字节大小；若失败,则返回 －1,相应的 errno 变量值会被设置。

7. 接收数据

```
# include < sys/socket.h >
int read(int socket, void * buf, size_t count);
```

1) 功能

通过 socket 发送数据。

2) 参数

socket：若为服务器端,则为 accept()函数的返回值；若为客户端,则为自己的 socket 描述符；

buf：接收数据的缓冲区；

count：每次接收数据的字节数。

3) 返回值

若成功,则返回接收数据的字节大小；若失败,则返回 －1,相应的 errno 变量值会被设置。

8. 撤销套接字

```
# include < unistd.h >
int close(int socket);
```

1) 功能

撤销套接字。如果只有一个进程使用,则立即终止连接并撤销该套接字；如果多个进程共享该套接字,则将引用数减 1;如果引用数降到 0,则关闭连接并撤销套接字。

2) 参数

socket:套接字描述符;

3) 返回值

若成功,则返回 0;若失败,则返回 −1。

7.2.3 TCP 编程示例

1. 程序设计

TCP 编程示例主要分为两部分,分别是 client(客户端)和 server(服务器)例程。其中,client 例程负责建立 TCP 套接字,然后每隔 1s 向 server 写入一段数据,再从 server 读取一段数据,并打印出来,如此反复。server 例程则负责建立 TCP 套接字,监听端口,接收到 client 例程连接请求后,每隔 1s 读取 client 例程发过来的数据,并向 client 例程写一段数据,如此反复。

2. client 例程

```c
#include <ctype.h>
#include <stdio.h>
#include <string.h>
#include <unistd.h>
#include <arpa/inet.h>
#include <netinet/in.h>
#include <sys/types.h>
#include <sys/socket.h>

/* TCP 连接端口号 */
#define SERVER_PORT 6666
/* TCP 通信缓冲区最大字节长度 */
#define BUFF_LEN    256
/* TCP 服务器端 IP 地址 */
#define SERVER_IP "127.0.0.1"

void tcp_msg_sender(int fd, struct sockaddr * dst)
{
    socklen_t len = sizeof(*dst);
    struct sockaddr_in src;
    int cnt = 0;

    /* 连接服务器 */
    while (connect(fd, dst, len) < 0)
    {
        printf("connect server failed...\n");
        sleep(3);
    }

    while (1)
    {
        char buf[BUFF_LEN];

        sprintf(buf, "TCP TEST cilent send: % d", ++cnt);
        /* 发送数据给服务器 */
```

```c
        write(fd, buf, BUFF_LEN);
        printf("------------------------------------------\n");

        printf("client:%s\n", buf);
        printf("client sendto msg to server ,waiting server respond msg!!!\n");
        memset(buf, 0, BUFF_LEN);
        /* 接收来自服务器的信息 */
        read(fd, buf, BUFF_LEN);
        printf("server:%s\n", buf);

        sleep(1);
    }
}

/*****************************************************************
 * 功能: TCP client
 * 说 明: socket -->connect -->write -->read -->close
 *****************************************************************/
int main(int argc, char * argv[ ])
{
    int client_fd;
    struct sockaddr_in serv_addr;

    /* 创建 socket 套接字,使用 TCP 连接 */
    client_fd = socket(AF_INET, SOCK_STREAM, 0);
    if (client_fd < 0)
    {
        printf("create socket fail!\n");
        return -1;
    }

    memset(&serv_addr, 0, sizeof(serv_addr));
    /* 遵循 IPv4 协议 */
    serv_addr.sin_family = AF_INET;
    /* 设置服务器地址 */
    serv_addr.sin_addr.s_addr = inet_addr(SERVER_IP);
    /* 设置服务器连接端口号 */
    serv_addr.sin_port = htons(SERVER_PORT);

    tcp_msg_sender(client_fd, (struct sockaddr * )&serv_addr);

    /* 关闭套接字 */
    close(client_fd);

    return 0;
}
```

编译:

```
gcc -o tcp_cilent tcp_cilent.c
```

3. server 例程

```c
#include <stdio.h>
#include <string.h>
#include <unistd.h>
```

```c
#include <netinet/in.h>
#include <sys/types.h>
#include <sys/socket.h>

/* 端口号 */
#define SERVER_PORT     6666
/* 缓冲区最大字节数 */
#define BUFF_LEN        256

void handle_tcp_msg(int fd)
{
    char buf[BUFF_LEN];
    socklen_t client_addr_len;
    int cnt = 0, count;
    int client_fd;
    struct sockaddr_in client_addr;

    printf("waiting for client connect...\n");
    /* 监听 socket,此处会阻塞 */
    client_fd = accept(fd, (struct sockaddr *)&client_addr, &client_addr_len);
    while (1)
    {
        memset(buf, 0, BUFF_LEN);

        printf("-------------------------------------------\n");
        printf("waiting client msg\n");
        /* read 是阻塞函数,没有数据就一直阻塞 */
        count = read(client_fd, buf, BUFF_LEN);
        if (count == -1)
        {
            printf("recieve data fail!\n");
            return;
        }
        printf("client: %s\n", buf);
        memset(buf, 0, BUFF_LEN);
        sprintf(buf, "I have received %d bytes data! received cnt: %d", count, ++cnt);
        printf("server: %s\n", buf);
        /* 将数据发送给 client */
        write(client_fd, buf, BUFF_LEN);
    }
    close(client_fd);
}
/***************************************************************
* 功能: TCP server
* 说明: socket-->bind-->listen-->accept-->read-->write-->close
***************************************************************/
int main(int argc, char *argv[])
{
    int server_fd, ret;
    struct sockaddr_in serv_addr;

    /* 创建 socket,类型为 TCP */
    server_fd = socket(AF_INET, SOCK_STREAM, 0);
    if (server_fd < 0)
    {
        printf("create socket fail!\n");
        return -1;
```

```
    }

    memset(&serv_addr, 0, sizeof(serv_addr));
    serv_addr.sin_family = AF_INET;
    /* INADDR_ANY 表示任何地址,即任何地址都可以接入 server */
    serv_addr.sin_addr.s_addr = htonl(INADDR_ANY);
    /* 端口号,需要网络数据顺序转换 */
    serv_addr.sin_port = htons(SERVER_PORT);
    /* 绑定服务器地址结构 */
    ret = bind(server_fd, (struct sockaddr *)&serv_addr, sizeof(serv_addr));
    if (ret < 0)
    {
        printf("socket bind fail!\n");
        return -1;
    }

    /* 监听 socket,此处不阻塞 */
    listen(server_fd, 64);

    /* 等待客户端连接,处理数据 */
    handle_tcp_msg(server_fd);

    close(server_fd);
    return 0;
}
```

编译:

```
gcc -o tcp_server tcp_server.c
```

4. 实验结果

运行 server 例程,显示如下运行结果:

```
# ./server
waiting for client connect...
-----------------------------------------------
waiting client msg
client:TCP TEST cilent send:1
server:I have received 256 bytes data! received cnt:1
-----------------------------------------------
waiting client msg
client:TCP TEST cilent send:2
server:I have received 256 bytes data! received cnt:2
-----------------------------------------------
waiting client msg
client:TCP TEST cilent send:3
server:I have received 256 bytes data! received cnt:3
...
```

运行 client 例程,显示如下运行结果:

```
# ./client
-----------------------------------------------
client:TCP TEST cilent send:1
client sendto msg to server ,waiting server respond msg!!!
```

```
server:I have received 256 bytes data! received cnt:1
------------------------------------------------
client:TCP TEST cilent send:2
client sendto msg to server ,waiting server respond msg!!!
server:I have received 256 bytes data! received cnt:2
------------------------------------------------
client:TCP TEST cilent send:3
client sendto msg to server ,waiting server respond msg!!!
server:I have received 256 bytes data! received cnt:3
…
```

7.3 UDP 编程

7.3.1 UDP 编程的 C/S 架构

基于 UDP 的网络编程开发分为客户端和服务器端两部分,UDP 通信流程图如图 7.3.1 所示。

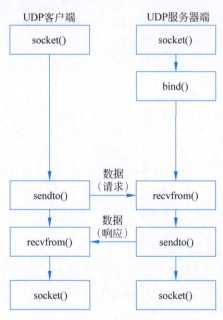

图 7.3.1 UDP 通信流程图

7.3.2 UDP 编程的接口分析

1. 创建套接字

```
# include < sys/types.h >
# include < sys/socket.h >
int socket( int domain, int type, int protocol);
```

1) 功能

socket 系统调用创建一个套接字并返回一个描述符,该描述符可以用来访问该套接字。

2）参数

family：本示例写 AF_INET，代表 IPv4；

type：本示例写 SOCK_DGRAM，代表 UDP 数据流；

protocol：这里写 0，设为 0 表示使用默认协议。

3）返回值

若成功，则返回套接字；若失败，则返回－1，相应的 errno 变量值会被设置。

2．绑定套接字

```
#include <sys/socket.h>
int bind(int socket, const struct sockaddr * address, size_t address_len);
```

1）功能

将 IP 地址信息绑定到 socket。

2）参数

socket：socket 套接字；

address：地址结构指针；

address_len：地址结构的长度。

3）返回值

若成功，则返回套接字；若失败，则返回－1，相应的 errno 变量值会被设置。

3．发送数据

```
#include <sys/socket.h>
int sendto(int socket, const void * buf, size_t len, int flags, const struct sockaddr * dest_addr, size_t address_len);
```

1）功能

通过 socket 发送数据。

2）参数

socket：正在监听端口的套接口文件描述符，通过 socket 获得；

buf：发送缓冲区，往往是使用者定义的数组，该数组中保存着要发送的数据；

len：发送缓冲区的大小，单位是字节；

flags：填 0 即可；

dest_addr：指向接收数据主机地址信息的结构体，也就是该参数指定数据要发送到哪个主机的哪个进程；

address_len：表示 dest_addr 所指向内容的长度。

3）返回值

若成功，则返回发送成功的数据长度；若失败，则返回－1。

4．接收数据

```
#include <sys/socket.h>
int recvfrom(int socket, void * buf, size_t len, int flags, struct sockaddr * src_addr, size_t * address_len);
```

1) 功能

通过 socket 接收数据。

2) 参数

socket：正在监听端口的套接口文件描述符，通过 socket 获得；

buf：接收缓冲区，往往是使用者定义的数组，该数组装有要接收的数据；

len：接收缓冲区的大小，单位是字节；

flags：填 0 即可；

src_addr：指向发送数据的主机地址信息的结构体，也就是可以从该参数获取到数据是谁发出的；

address_len：表示 src_addr 所指向内容的长度。

3) 返回值

若成功，则返回接收成功的数据长度；若失败，则返回-1。

5. 撤销套接字

```
#include <unistd.h>
int close(int socket);
```

1) 功能

撤销套接字。如果只有一个进程使用，立即终止连接并撤销该套接字；如果多个进程共享该套接字，则将引用数减 1；如果引用数降到 0，则关闭连接并撤销套接字。

2) 参数

socket：套接字描述符；

3) 返回值

若成功，则返回 0；若失败，则返回-1。

7.3.3 UDP 编程示例

1. 程序设计

UDP 编程示例主要分为两部分，分别是 client 和 server 例程。其中，client 例程负责建立 UDP 套接字，然后每隔 1s 向 server 端写入一段数据，并等待 server 例程发送给 client 一段数据，如有则打印出来；如没有则提示没有收到，如此反复。server 例程则负责建立 UDP 套接字，等待接收到 client 例程的信息，并向 client 例程写一段数据，如此反复。

注意：server 例程没有绑定和监听操作，UDP 的 server 例程只需要等待接收 client 例程的数据。

2. client 例程

```
#include <stdio.h>
#include <string.h>
#include <unistd.h>
#include <arpa/inet.h>
#include <netinet/in.h>
#include <sys/types.h>
#include <sys/socket.h>
```

```c
/* 服务器端口号 */
#define SERVER_PORT    6666
/* 缓冲区最大字符数长度 */
#define BUFF_LEN    256
/* 服务器 IP 地址 */
#define SERVER_IP    "127.0.0.1"

void udp_msg_sender(int fd, struct sockaddr* dst)
{
    socklen_t len;
    struct sockaddr_in src;
    int cnt = 0;

    while (1)
    {
        char buf[BUFF_LEN];
        sprintf(buf, "UDP TEST cilent send:%d", ++cnt);
        len = sizeof(*dst);

        /* 使用接口,往 dst 的 IP 地址发送数据 */
        sendto(fd, buf, BUFF_LEN, 0, dst, len);

        printf("------------------------------------------\n");
        printf("client:%s\n", buf);
        printf("client sendto msg to server ,waiting server respond msg!!!\n");
        memset(buf, 0, BUFF_LEN);
        /* 接收来自 server 的信息 MSG_DONTWAIT(即不阻塞) */
        if (recvfrom(fd, buf, BUFF_LEN, MSG_DONTWAIT, (struct sockaddr*)&src, &len) < 0)
        {
            printf("none server msg!!!\n");
        }
        else
        {
            printf("server:%s\n", buf);
        }
        sleep(1);
    }
}

/*****************************************************************
* 功能: UDP client
* 说 明: socket -- > sendto -- > revcfrom -- > close
*****************************************************************/
int main(int argc, char* argv[])
{
    int client_fd;
    struct sockaddr_in ser_addr;

    /* 创建 socket 套接字,使用 SOCK_DGRAM,即 UDP */
    client_fd = socket(AF_INET, SOCK_DGRAM, 0);
    if (client_fd < 0)
    {
        printf("create socket fail!\n");
        return -1;
    }

    memset(&ser_addr, 0, sizeof(ser_addr));
```

```c
    /* 遵循 IPv4 协议 */
    ser_addr.sin_family = AF_INET;
    /* 设置连接服务器的 IP 地址 */
    ser_addr.sin_addr.s_addr = inet_addr(SERVER_IP);
    /* 设置连接服务器的端口号 */
    ser_addr.sin_port = htons(SERVER_PORT);

    udp_msg_sender(client_fd, (struct sockaddr *)&ser_addr);

    close(client_fd);

    return 0;
}
```

编译：

```
gcc -o udp_cilent udp_cilent.c
```

运行：

```
./udp_cilent
```

3. server 例程

```c
#include <stdio.h>
#include <string.h>
#include <unistd.h>
#include <netinet/in.h>
#include <sys/types.h>
#include <sys/socket.h>

/* 服务器的端口号 */
#define SERVER_PORT     6666
/* 缓冲区最大字节数 */
#define BUFF_LEN        512

void handle_udp_msg(int fd)
{
    char buf[BUFF_LEN];
    socklen_t len;
    int cnt = 0, count;
    struct sockaddr_in clent_addr;

    while (1)
    {
        memset(buf, 0, BUFF_LEN);
        len = sizeof(clent_addr);
        printf("--------------------------------------------\n");
        printf("waiting client msg\n");
        /* 等待接收客户端的信息.如果没有数据,recvfrom 一直阻塞 */
        count = recvfrom(fd, buf, BUFF_LEN, 0, (struct sockaddr *)&clent_addr, &len);
        if (count == -1)
        {
            printf("recieve data fail!\n");
            return;
        }
```

```c
            printf("client:%s\n", buf);
            memset(buf, 0, BUFF_LEN);
            sprintf(buf, "I have received %d bytes data! received cnt:%d", count, ++cnt);
            printf("server:%s\n", buf);
            /* 向客户端发送信息 */
            sendto(fd, buf, BUFF_LEN, 0, (struct sockaddr*)&clent_addr, len);
    }
}
/**************************************************************
* 功能: UDP server
* 说 明: socket-->bind-->recvfrom-->sendto-->close
**************************************************************/
int main(int argc, char* argv[])
{
    int server_fd, ret;
    struct sockaddr_in ser_addr;

    /* 创建 socket 套接字,SOCK_DGRAM 表示 UDP */
    server_fd = socket(AF_INET, SOCK_DGRAM, 0);
    if (server_fd < 0)
    {
        printf("create socket fail!\n");
        return -1;
    }

    memset(&ser_addr, 0, sizeof(ser_addr));
    /* 遵循 IPv4 协议 */
    ser_addr.sin_family = AF_INET;
    /* INADDR_ANY 表示本地地址 */
    ser_addr.sin_addr.s_addr = htonl(INADDR_ANY);
    /* 设置服务器端口号 */
    ser_addr.sin_port = htons(SERVER_PORT);

    /* 服务器绑定 IP 地址和端口号 */
    ret = bind(server_fd, (struct sockaddr*)&ser_addr, sizeof(ser_addr));
    if (ret < 0)
    {
        printf("socket bind fail!\n");
        return -1;
    }

    /* 处理往返数据 */
    handle_udp_msg(server_fd);

    close(server_fd);
    return 0;
}
```

编译:

```
gcc -o udp_cilent udp_server.c
```

4. 实验结果

运行 server 例程,显示如下运行结果:

```
# ./server
------------------------------------------
waiting client msg
```

```
client:UDP TEST cilent send:1
server:I have received 256 bytes data! received cnt:1
--------------------------------------------
waiting client msg
client:UDP TEST cilent send:2
server:I have received 256 bytes data! received cnt:2
--------------------------------------------
waiting client msg
client:UDP TEST cilent send:3
server:I have received 256 bytes data! received cnt:3
--------------------------------------------
waiting client msg
client:UDP TEST cilent send:4
server:I have received 256 bytes data! received cnt:4
…
```

运行 client 例程，显示如下运行结果：

```
# ./client
--------------------------------------------
client:UDP TEST cilent send:1
client sendto msg to server ,waiting server respond msg!!!
server:I have received 256 bytes data! received cnt:1
--------------------------------------------
client:UDP TEST cilent send:2
client sendto msg to server ,waiting server respond msg!!!
none server msg!!!
--------------------------------------------
client:UDP TEST cilent send:3
client sendto msg to server ,waiting server respond msg!!!
server:I have received 256 bytes data! received cnt:2
--------------------------------------------
client:UDP TEST cilent send:4
client sendto msg to server ,waiting server respond msg!!!
server:I have received 256 bytes data! received cnt:3
--------------------------------------------
client:UDP TEST cilent send:5
client sendto msg to server ,waiting server respond msg!!!
server:I have received 256 bytes data! received cnt:4
…
```

7.4 思考和练习

(1) 网络协议是什么？为什么要使用网络协议？
(2) OSI 网络模型包含哪几层？
(3) 现实生活中使用的网络模型是什么？模型包含哪几层？
(4) TCP 是什么？有什么特点？通常应用在什么场景？
(5) UDP 是什么？有什么特点？通常应用在什么场景？
(6) TCP 和 UDP 有什么不同点？
(7) C/S 架构下的 TCP 通信流程包括哪些？
(8) C/S 架构下的 UDP 通信流程包括哪些？
(9) 描述一个典型的家庭网络环境，并说明其中使用到的网络设备和协议。

第8章 物联网协议与移植

8.1 LwIP协议栈与移植

8.1.1 LwIP简介

LwIP全名是Light weight IP,意思是轻量化的TCP/IP,是瑞典计算机科学院(SICS)的Adam Dunkels开发的一个小型开源的TCP/IP协议栈。LwIP是一款主要应用于嵌入式领域的开源TCP/IP协议栈,其功能完备,除了实现TCP/IP的基本通信功能外,新版本还支持DNS、SNMP、DHCP、IGMP等高级应用功能。除此之外,LwIP实现的重点是保证在嵌入式设备RAM、ROM资源有限的情况下实现TCP的主要功能,因此它具有一套独到的数据包和内存管理机制,使之更适合于在低端的嵌入式系统中使用。LwIP协议栈甚至不需要操作系统的支持也可以运行,这样几十KB的RAM和ROM就可以满足它的系统需求了。因此,LwIP是目前在嵌入式网络领域被讨论和使用很广泛的一个协议栈,由于其开源的特性和快速的版本更新速率而得到业界越来越多人的关注。

8.1.2 LwIP的功能

LwIP具有如下功能。
(1) 支持IP,包括IPv4、IPv6协议。
(2) 支持ICMP(Internet Control Message Protocol,因特网控制消息协议)。
(3) 支持IGMP(Internet Group Management Protocol,因特网组管理协议)。
(4) 支持ARP(Address Resolution Protocol,地址解析协议)。
(5) 支持TCP(Transmission Control Protocol,传输控制协议)。
(6) 支持UDP(User Datagram Protocol,用户数据报协议)。
(7) 支持PPPoE(Point-to-Point Protocol Over Ethernet,以太网上的点对点协议)。
(8) 支持MLD(Multicast Listener Discover,组播侦听发现)协议。
(9) 支持ND(Neighbor Discovery,邻居发现)协议。
(10) 支持DHCP(Dynamic Host Configuration Protocol,动态主机配置协议)客户端。
(11) 支持DNS(Domain Name System,域名系统)客户端,包括mDNS主机名解析器。
(12) 支持AutoIP/APIPA (Zeroconf),即自动IP地址配置。

（13）支持 SNMP(Sample Network Management Protocol,简单网络管理协议)。

8.1.3　LwIP 的优点

LwIP 具有如下优点：

（1）资源开销低，即轻量化。LwIP 内核有自己的内存管理策略和数据包管理策略，使得内核处理数据包的效率很高。另外，LwIP 高度可剪裁，一切不需要的功能都可以通过宏编译选项去掉。LwIP 的流畅运行需要 40KB 的代码 ROM 和几十 KB 的 RAM，这让它非常适合用在内存资源受限的嵌入式设备中。

（2）支持的协议较为完整。几乎支持 TCP/IP 中所有常见的协议，这对于嵌入式设备是足够使用的。

（3）实现了一些常见的应用程序，如 DHCP 客户端、DNS 客户端、HTTP 服务器、MQTT 客户端、TFTP 服务器、SNTP 客户端等。

（4）同时提供了 3 种编程接口：Raw API、Netconn API（注：Netconn API 即为 Sequential API，为了统一，下文均采用 Netconn API）和 Socket API。这 3 种 API 的执行效率、易用性、可移植性以及存储空间的开销各不相同，用户可以根据实际需要，权衡利弊，选择合适的 API 进行网络应用程序的开发。

（5）高度可移植。其源代码全部用 C 实现，用户可以很方便地实现跨处理器、跨编译器的移植。另外，它对内核中会使用到操作系统功能的地方进行了抽象，使用了一套自定义的 API，用户可以通过自己实现这些 API，从而实现跨操作系统的移植工作。

（6）开源、免费，用户可以不用承担任何商业风险地使用它。

（7）相比于嵌入式领域其他的 TCP/IP 协议栈，比如 μC-TCP/IP、FreeRTOS-TCP 等，LwIP 的发展历史要更悠久一些，得到了更多的验证和测试。LwIP 被广泛用在嵌入式网络设备中，国内一些物联网公司推出的物联网操作系统，其 TCP/IP 核心就是 LwIP；物联网知名的 Wi-Fi 模块 ESP8266，其 TCP/IP 固件使用的就是 LwIP。

（8）LwIP 尽管有如此多的优点，但它毕竟是针对嵌入式系统，所以并没有很完整地实现 TCP/IP 协议栈。相比于 Linux 和 Windows 系统自带的 TCP/IP 协议栈，LwIP 的功能不算完整和强大，但对于大多数物联网领域的网络应用程序，LwIP 已经足够了。

8.1.4　LwIP 的文件说明

LwIP 的代码已经交给 Savannah 托管，LwIP 的项目主页是 http://savannah.nongnu.org/projects/lwip/。这个主页简单地介绍了 LwIP。在此，我们只需要关注两个地方，如图 8.1.1 所示。

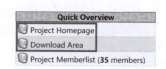

图 8.1.1　LwIP 官网主页截图

（1）单击 Project Homepage 会得到一个网页，如图 8.1.2 所示。这是 LwIP 官方说明文档，主要讲解 LwIP 协议栈的内核模块分类、内核数据结构、内核源文件等。如有兴趣可以详细阅读该文档。

（2）单击 Download Area 会弹出一个网页，如图 8.1.3 所示。该网页主要包括 lwip 和 contrib 两种文件。其中，lwip 文件为 LwIP 协议栈的内核源代码文件，而 contrib 则是开源社区针对 LwIP 协议栈贡献的一些应用案例。

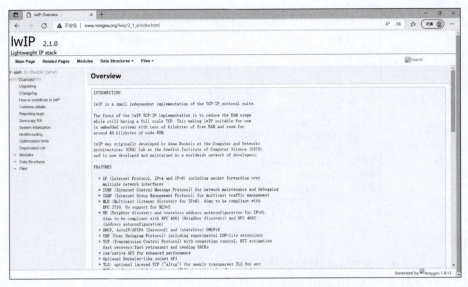

图 8.1.2　LwIP 官方说明文档网页截图

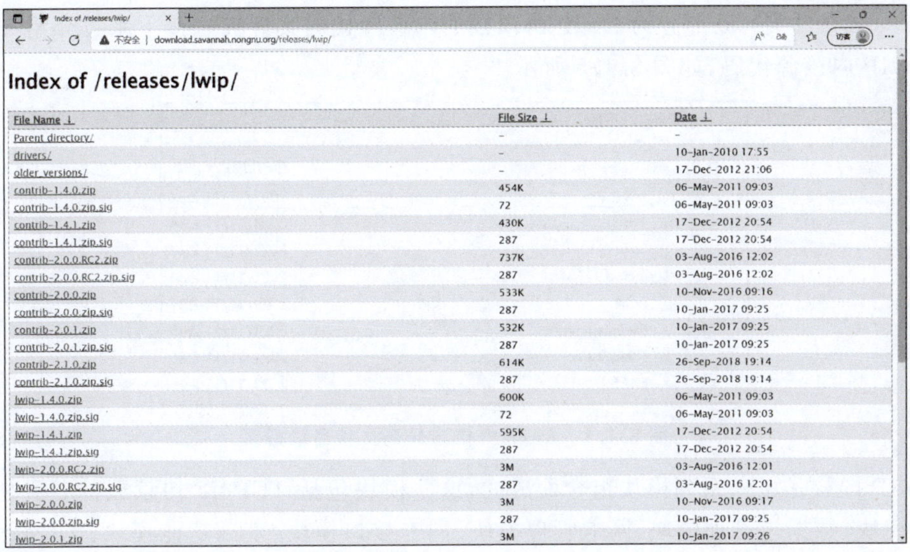

图 8.1.3　LwIP 官方下载网页截图

本节只关注 LwIP 协议栈内核源代码(即 LwIP 文件，以 LwIP-2.1.3 为研究对象)。该目录的内容如图 8.1.4 所示。

下面对其中的重要文件进行说明。

(1) CHANGELOG 文件：记录了 LwIP 协议栈的版本升级过程中源代码发生的变化。

(2) COPYING 文件：记录了 LwIP 协议栈的 License。LwIP 属于 BSD License，说明 LwIP 协议栈的开源程度很高，我们几乎可以无限制地使用它。

(3) FILES 文件：介绍一些目录信息。

(4) README 文件：对 LwIP 协议栈进行一些简单介绍。

(5) UPGRADING 文件：记录 LwIP 每个大版本的更新，以及可能对用户使用或移植

图 8.1.4　LwIP 协议栈的源代码目录

造成的影响。

（6）doc 文件夹：关于 LwIP 协议栈的一些应用和移植的指南。

（7）test 文件夹：测试 LwIP 协议栈内核性能的源代码，可以将它和 LwIP 内核源代码一起加入编译，通过 test 提供的函数可以获得 LwIP 内核性能有关的指标。

（8）src 文件夹：该部分为 LwIP 协议栈的内核源代码文件夹。接下来将介绍 src 文件夹的 LwIP 内核源代码，如图 8.1.5 所示。

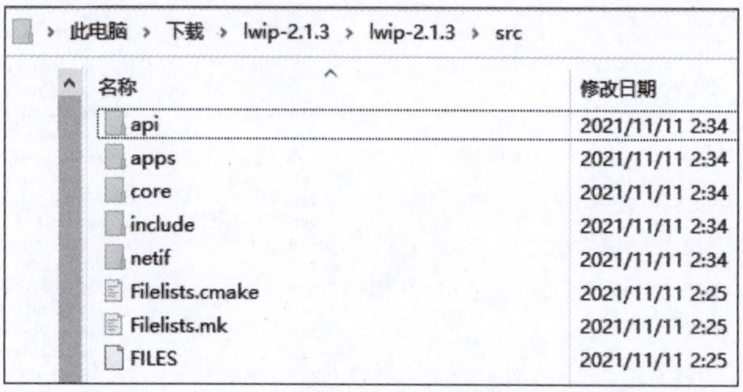

图 8.1.5　LwIP 内核源代码文件目录截图

LwIP 内核是由一系列模块组合而成的，这些模块包括 TCP/IP 协议栈的各种协议、内存管理模块、数据包管理模块、网卡管理模块、网卡接口模块、基础功能模块、API 模块。每个模块都是由相关的几个源文件和头文件组成的，通过头文件对外声明一些函数、宏、数据类型，使得其他模块可以方便地调用此模块的功能。构成每个模块的头文件都被组织在了 include 文件夹中，而源代码文件则根据类型被分散地组织在 api、apps、core、netif 文件夹中。其中：

① api 文件夹包括 Netconn API 和 Socket API 相关的源代码文件，一般只有在有操作系统的嵌入式环境下才会被编译。

② apps 文件夹中是应用程序的源代码文件，包括 http、mqtt、tftp、smtp、sntp 等。

③ core 文件夹中是 LwIP 的内核源代码文件。

④ include 文件夹中是 LwIP 所有模块对应的头文件。

⑤ netif 文件夹中是与网卡移植有关的源代码文件，后续的网卡移植可以利用这些源代码文件。

8.1.5　LwIP 的 3 种编程接口

LwIP 提供了 3 种编程接口，分别为 Raw/Callback API、Netconn API、Socket API。它们的易用性从左到右依次提高，而执行效率从左到右依次降低。用户可以根据实际情况，权衡利弊，选择合适的 API 进行网络应用程序的开发。下面分别介绍这 3 种 API。

1. Raw/Callback API

Raw/Callback API 是指内核回调型的 API，这在许多通信协议的 C 语言实现中都有所应用。

Raw/Callback API 是 LwIP 的一大特色，在没有操作系统支持的裸机环境中，只能使用这种 API 进行开发，同时这种 API 也可以用在操作系统环境中。这里先简要说明一下"回调"的概念。如果你新建了一个 TCP 或者 UDP 的连接，你想等它接收到数据以后去处理它们，那么这时需要把处理该数据的操作封装成一个函数，然后将这个函数的指针注册到 LwIP 内核中。LwIP 内核会在需要时去检测该连接是否收到数据，如果收到了数据，那么内核会在第一时间调用注册的函数，这个过程被称为"回调"，这个注册函数被称为"回调函数"。回调函数中装着你想要的业务逻辑。通过回调函数中，你可以自由地处理接收到的数据，也可以发送任何数据，也就是说，这个回调函数就是你编写的业务处理程序。到这里，我们可以发现，在回调编程中，LwIP 内核将数据交给应用程序的过程只是一次简单的函数调用，这是非常省时间和空间资源的。每一个回调函数实际上只是一个普通的 C 函数，这个函数在 TCP/IP 内核中被调用。每一个回调函数都作为一个参数传递给当前 TCP 或 UDP 连接。而且，为了能够保存程序的特定状态，可以向回调函数传递一个指定的状态，并且这个指定的状态是独立于 TCP/IP 协议栈的。

在有操作系统的环境中，如果使用 Raw/Callback API，那么用户的应用程序就以回调函数的形式成为了内核代码的一部分，用户应用程序和内核程序会处于同一个线程之中，这就省去了任务间通信和切换任务的开销了。

简单来说，Raw/Callback API 的优点有以下两个。

(1) 可以在没有操作系统的环境中使用。

(2) 在有操作系统的环境中使用它，对比另外两种 API，可以提高应用程序的效率，节省内存开销。

Raw/Callback API 的优点是显著的，但缺点也是显著的:

(1) 基于回调函数开发应用程序时的思维过程比较复杂。利用回调函数去实现复杂的业务逻辑时，会很麻烦，而且代码的可读性较差。

(2) 在操作系统环境中，应用程序代码与内核代码处于同一个线程，虽然能够节省任务间通信和切换任务的开销，但是相应地，应用程序的执行会制约内核程序的执行，不同的应用程序之间也会互相制约。在应用程序的执行过程中，内核程序将无法运行，这会影响网络数据包的处理效率。如果应用程序占用的时间过长，而且碰巧这时又有大量的数据包到达，那么由于内核代码长期得不到执行，网卡接收缓存里的数据包就持续积累，到最后很可能因为满载而丢弃一些数据包，从而造成丢包的现象。

2. Netconn API

如果开发平台是运行在操作系统的环境中，则可以使用 Netconn API 或者 Socket API

进行网络应用程序的开发。Netconn API 是基于操作系统的 IPC 机制(即信号量和邮箱机制)实现的,它的设计将 LwIP 内核代码和网络应用程序分离成了独立的线程。如此一来,LwIP 内核线程就只负责数据包的 TCP/IP 封装和拆封,而不用进行数据的应用层处理,从而大大提高了系统对网络数据包的处理效率。

前面提到,使用 Raw/Callback API 会造成内核程序和网络应用程序、不同网络应用程序之间的相互制约,如果使用 Netconn API 或者 Socket API,那么这种制约将不复存在。

相对于 Raw/Callback API 而言,Netconn API 的优缺点如下所述。

(1) 相较于 Raw/Callback API,Netconn API 简化了编程工作,使用户可以按照操作文件的方式来操作网络连接。但是,内核程序和网络应用程序之间的数据包传递,需要依靠操作系统的信号量和邮箱机制完成,这需要耗费更多的时间和内存,另外还要加上任务切换的时间开销,效率较低。

(2) 相较于 Socket API,Netconn API 避免了内核程序和网络应用程序之间的数据复制操作,提高了数据递交的效率。但是,Netconn API 的易用性不如 Socket API 好,它需要用户对 LwIP 内核所使用数据结构有一定的了解。

3. Socket API

Socket 即套接字,它对网络连接进行了高级的抽象,使得用户可以像操作文件一样操作网络连接。它十分易用,许多网络开发人员最早接触的就是 Socket 编程,Socket 已经成为网络编程的标准。在不同的系统中,运行着不同的 TCP/IP,但是只要它实现了 Socket 的接口,那么用 Socket 编写的网络应用程序就能在其中运行。可见,用 Socket 编写的网络应用程序具有很好的可移植性。

相较于 Netconn API,Socket API 具有更好的易用性。使用 Socket API 编写的程序可读性好,便于维护,也便于移植到其他系统中。Socket API 在内核程序和应用程序之间存在数据的冗余,这会降低数据的传输效率。另外,LwIP 的 Socket API 是基于 Netconn API 实现的,所以效率上相较前者要有所降低。

8.1.6 LwIP 移植

LwIP 是一个小型开源的 TCP/IP 协议栈,LiteOS-M 已对开源 LwIP 做了适配和功能增强,LwIP 代码分为两部分。

(1) third_party/lwip 文件夹中是 LwIP 开源代码,里面只做了少量的侵入式修改,为了适配增强功能。

(2) kernel/liteos_m/components/net/lwip-2.1 文件夹中是 LwIP 适配和功能增强代码,里面提供了 LwIP 的默认配置文件。

如果需要使用 LwIP 组件,则可以按如下步骤适配。

(1) 在 device/rockchip/rk2206/third_party 文件夹下新建一个文件夹,用来存放 LwIP 适配文件,如 lwip。

(2) 在 device/rockchip/rk2206/third_party/lwip 文件夹下新建一个头文件 lwipopts.h,内容如下:

```
#ifndef _LWIP_PORTING_LWIPOPTS_H_
#define _LWIP_PORTING_LWIPOPTS_H_
```

```c
// lwIP debug options, comment the ones you don't want
#define LWIP_DEBUG 0
#if LWIP_DEBUG
#define ETHARP_DEBUG              LWIP_DBG_OFF
#define NETIF_DEBUG               LWIP_DBG_OFF
#define PBUF_DEBUG                LWIP_DBG_OFF
#define API_LIB_DEBUG             LWIP_DBG_OFF
#define API_MSG_DEBUG             LWIP_DBG_OFF
#define SOCKETS_DEBUG             LWIP_DBG_OFF
#define ICMP_DEBUG                LWIP_DBG_OFF
#define IGMP_DEBUG                LWIP_DBG_OFF
#define INET_DEBUG                LWIP_DBG_OFF
#define IP_DEBUG                  LWIP_DBG_OFF
#define DRIVERIF_DEBUG            LWIP_DBG_OFF
#define IP_REASS_DEBUG            LWIP_DBG_OFF
#define RAW_DEBUG                 LWIP_DBG_OFF
#define MEM_DEBUG                 LWIP_DBG_OFF
#define MEMP_DEBUG                LWIP_DBG_OFF
#define SYS_DEBUG                 LWIP_DBG_OFF
#define TIMERS_DEBUG              LWIP_DBG_OFF
#define TCP_DEBUG                 LWIP_DBG_OFF
#define TCP_ERR_DEBUG             LWIP_DBG_OFF
#define TCP_INPUT_DEBUG           LWIP_DBG_OFF
#define TCP_FR_DEBUG              LWIP_DBG_OFF
#define TCP_RTO_DEBUG             LWIP_DBG_OFF
#define TCP_CWND_DEBUG            LWIP_DBG_OFF
#define TCP_WND_DEBUG             LWIP_DBG_OFF
#define TCP_OUTPUT_DEBUG          LWIP_DBG_OFF
#define TCP_RST_DEBUG             LWIP_DBG_OFF
#define TCP_QLEN_DEBUG            LWIP_DBG_OFF
#define TCP_SACK_DEBUG            LWIP_DBG_OFF
#define TCP_TLP_DEBUG             LWIP_DBG_OFF
#define UDP_DEBUG                 LWIP_DBG_OFF
#define TCPIP_DEBUG               LWIP_DBG_OFF
#define SLIP_DEBUG                LWIP_DBG_OFF
#define DHCP_DEBUG                LWIP_DBG_OFF
#define AUTOIP_DEBUG              LWIP_DBG_OFF
#define DNS_DEBUG                 LWIP_DBG_OFF
#define TFTP_DEBUG                LWIP_DBG_OFF
#define SYS_ARCH_DEBUG            LWIP_DBG_OFF
#define SNTP_DEBUG                LWIP_DBG_OFF
#define IP6_DEBUG                 LWIP_DBG_OFF
#define DHCP6_DEBUG               LWIP_DBG_OFF
#define DRV_STS_DEBUG             LWIP_DBG_OFF
#endif

// Options only in new opt.h
#define LWIP_SOCKET_SELECT        0
#define LWIP_SOCKET_POLL          1

// Options in old opt.h that differs from new opt.h
#define MEM_ALIGNMENT             __SIZEOF_POINTER__
#define MEMP_NUM_NETDB            8
#define IP_REASS_MAXAGE           3
#define IP_SOF_BROADCAST          1
#define IP_SOF_BROADCAST_RECV     1
#define LWIP_MULTICAST_PING       1
```

```c
#define LWIP_RAW                          1
#define LWIP_DHCP_AUTOIP_COOP_TRIES       64
#define TCP_LISTEN_BACKLOG                1
#define TCP_DEFAULT_LISTEN_BACKLOG        16

#define LWIP_WND_SCALE                    1
#define TCP_RCV_SCALE                     7

#define LWIP_NETIF_HOSTNAME               1
#define LWIP_NETIF_TX_SINGLE_PBUF         1
#define LWIP_NETCONN_FULLDUPLEX           1 // Caution
#define LWIP_COMPAT_SOCKETS               2
#define LWIP_POSIX_SOCKETS_IO_NAMES       0
#define LWIP_TCP_KEEPALIVE                1
#define RECV_BUFSIZE_DEFAULT              65535
#define SO_REUSE_RXTOALL                  1

#define LWIP_CHECKSUM_ON_COPY             1
#define LWIP_IPV6                         1
#define LWIP_IPV6_NUM_ADDRESSES           5
#define LWIP_ND6_NUM_PREFIXES             10
#define LWIP_IPV6_DHCP6                   1
#define LWIP_IPV6_DHCP6_STATEFUL          1

// Options in old lwipopts.h
#define ARP_QUEUEING                      1
#define DEFAULT_ACCEPTMBOX_SIZE           32
#define DEFAULT_RAW_RECVMBOX_SIZE         128
#define DEFAULT_TCP_RECVMBOX_SIZE         128
#define DEFAULT_UDP_RECVMBOX_SIZE         128
#define ETHARP_SUPPORT_STATIC_ENTRIES     1
#define ETH_PAD_SIZE                      0
#define IP_REASS_MAX_PBUFS                (((65535) / (IP_FRAG_MAX_MTU - 20 - 8) + 1) * \
                                          MEMP_NUM_REASSDATA)
#define LWIP_COMPAT_SOCKETS               2
#define LWIP_DBG_MIN_LEVEL                LWIP_DBG_LEVEL_OFF
#define LWIP_DHCP                         1
#define LWIP_DNS                          1
#define LWIP_ETHERNET                     1
#define LWIP_HAVE_LOOPIF                  1
#define LWIP_IGMP                         1
#define LWIP_NETIF_API                    1
#define LWIP_NETIF_LINK_CALLBACK          1
#define LWIP_NETIF_LOOPBACK               1
#define LWIP_POSIX_SOCKETS_IO_NAMES       0
#define LWIP_RAW                          1
#define LWIP_SOCKET_OFFSET                FAT_MAX_OPEN_FILES
#define LWIP_SO_RCVBUF                    1
#define LWIP_SO_RCVTIMEO                  1
#define LWIP_SO_SNDTIMEO                  1
#define LWIP_STATS_DISPLAY                1
#define MEM_LIBC_MALLOC                   1
#define MEMP_NUM_ARP_QUEUE                (65535 * LWIP_CONFIG_NUM_SOCKETS / (IP_FRAG_MAX_ \
                                          MTU - 20 - 8))
#define MEMP_NUM_NETBUF                   (65535 * 3 * LWIP_CONFIG_NUM_SOCKETS / (IP_FRAG_ \
                                          MAX_MTU - 20 - 8))
```

```
#define MEMP_NUM_NETCONN                LWIP_CONFIG_NUM_SOCKETS
#define MEMP_NUM_PBUF                   LWIP_CONFIG_NUM_SOCKETS * 2
#define MEMP_NUM_RAW_PCB                LWIP_CONFIG_NUM_SOCKETS
#define MEMP_NUM_REASSDATA              (IP_REASS_MAX_MEM_SIZE / 65535)
#define MEMP_NUM_TCPIP_MSG_API          64
#define MEMP_NUM_TCPIP_MSG_INPKT        512
#define MEMP_NUM_TCP_PCB                LWIP_CONFIG_NUM_SOCKETS
#define MEMP_NUM_TCP_PCB_LISTEN         LWIP_CONFIG_NUM_SOCKETS
#define MEMP_NUM_TCP_SEG                (((TCP_SND_BUF * 3 / 2) + TCP_WND) * LWIP_
                                        CONFIG_NUM_SOCKETS / TCP_MSS)
#define MEMP_NUM_UDP_PCB                LWIP_CONFIG_NUM_SOCKETS
#define MEM_SIZE                        (4 * 1024 * 1024) // (512 * 1024)
#define PBUF_POOL_BUFSIZE               1550
#define PBUF_POOL_SIZE                  64
#define SO_REUSE                        1
#define TCPIP_MBOX_SIZE                 512
#define TCPIP_THREAD_PRIO               5
#define TCPIP_THREAD_STACKSIZE          0x6000
#define TCP_MAXRTX                      64
#define TCP_MSS                         1400
#define TCP_SND_BUF                     65535
#define TCP_SND_QUEUELEN                (8 * TCP_SND_BUF) / TCP_MSS
#define TCP_TTL                         255
#define TCP_WND                         32768
#define UDP_TTL                         255

// Options in old lwipopts.h but kept in Defaults with new opt.h
#define IP_FORWARD                      0
#define LWIP_DBG_TYPES_ON               LWIP_DBG_ON
#define LWIP_ICMP                       1
#define LWIP_NETCONN                    1
#define LWIP_SOCKET                     1
#define LWIP_STATS                      1
#define LWIP_TCP                        1
#define LWIP_UDP                        1
#define NO_SYS                          0
#define TCP_QUEUE_OOSEQ                 LWIP_TCP

// Change some options for lwIP 2.1.2
#undef TCP_MAXRTX
#define TCP_MAXRTX                      12

#undef LWIP_COMPAT_SOCKETS
#define LWIP_COMPAT_SOCKETS             0
#define MEMP_NUM_SYS_TIMEOUT            (LWIP_NUM_SYS_TIMEOUT_INTERNAL + (LWIP_IPV6 *
                                        LWIP_IPV6_DHCP6))

#undef DEFAULT_ACCEPTMBOX_SIZE
#define DEFAULT_ACCEPTMBOX_SIZE         LWIP_CONFIG_NUM_SOCKETS

#undef TCP_MSS
#define TCP_MSS                         (IP_FRAG_MAX_MTU - 20 - 20)

#undef IP_SOF_BROADCAST_RECV
#define IP_SOF_BROADCAST_RECV           0

/**
```

```c
 * Defines whether to enable debugging for driver module.
 */
#ifndef DRIVERIF_DEBUG
#define DRIVERIF_DEBUG                  LWIP_DBG_OFF
#endif

// Options for old lwipopts.h
#define IP_FRAG_MAX_MTU                 1500
#define LWIP_CONFIG_NUM_SOCKETS         128
#define IP_REASS_MAX_MEM_SIZE           (MEM_SIZE / 4)

// Options for enhancement code, same for old lwipopts.h
#define LWIP_NETIF_PROMISC              1
#define LWIP_TFTP                       LOSCFG_NET_LWIP_SACK_TFTP
#define LWIP_DHCPS                      1
#define LWIP_ENABLE_NET_CAPABILITY      1
#define LWIP_ENABLE_CAP_NET_BROADCAST   0

// Options for liteos_m
#undef LWIP_NETIF_PROMISC
#define LWIP_NETIF_PROMISC              0

#undef LWIP_ICMP
#define LWIP_ICMP                       1

#undef LWIP_DHCP
#define LWIP_DHCP                       1

#undef LWIP_IGMP
#define LWIP_IGMP                       0

#undef LWIP_IPV6
#define LWIP_IPV6                       0
#undef LWIP_IPV6_DHCP6
#define LWIP_IPV6_DHCP6                 0

#undef TCP_SND_BUF
#define TCP_SND_BUF                     (65535 / 3)

#undef TCP_WND
#define TCP_WND                         ((TCP_SND_BUF * 2) / 3)

#undef TCP_SND_QUEUELEN
#define TCP_SND_QUEUELEN                (2 * (TCP_SND_BUF / TCP_MSS))

#undef MEMP_NUM_NETDB
#define MEMP_NUM_NETDB                  1

#undef MEMP_NUM_ARP_QUEUE
#define MEMP_NUM_ARP_QUEUE              4

#undef MEMP_NUM_NETBUF
#define MEMP_NUM_NETBUF                 32

#undef MEMP_NUM_NETCONN
#define MEMP_NUM_NETCONN                32
```

```
#undef MEMP_NUM_PBUF
#define MEMP_NUM_PBUF                  0

#undef PBUF_POOL_SIZE
#define PBUF_POOL_SIZE                 0

#undef MEMP_NUM_RAW_PCB
#define MEMP_NUM_RAW_PCB               8

#undef MEMP_NUM_REASSDATA
#define MEMP_NUM_REASSDATA             12

#undef MEMP_NUM_TCPIP_MSG_API
#define MEMP_NUM_TCPIP_MSG_API         32

#undef MEMP_NUM_TCPIP_MSG_INPKT
#define MEMP_NUM_TCPIP_MSG_INPKT       32

#undef MEMP_NUM_TCP_PCB
#define MEMP_NUM_TCP_PCB               8

#undef MEMP_NUM_TCP_PCB_LISTEN
#define MEMP_NUM_TCP_PCB_LISTEN        4

#undef MEMP_NUM_TCP_SEG
#define MEMP_NUM_TCP_SEG               64

#undef MEMP_NUM_UDP_PCB
#define MEMP_NUM_UDP_PCB               4

#undef TCPIP_THREAD_STACKSIZE
#define TCPIP_THREAD_STACKSIZE         0x1000

#undef LWIP_SOCKET_SELECT
#define LWIP_SOCKET_SELECT             1

// use PBUF_RAM instead of PBUF_POOL in udp_input
#define USE_PBUF_RAM_UDP_INPUT         1

#endif /* _LWIP_PORTING_LWIPOPTS_H_ */
```

lwipopts.h 的具体配置可参考 LwIP 官网相关文档。

(3) 在 device/rockchip/rk2206/third_party/lwip 文件夹下新建一个 shell 脚本 build.h，内容如下：

```
OUT_DIR="$1"

function main()
{
    echo "${OUT_DIR}"
    cp -f lwipopts.h ${OUT_DIR}
}

main "$@"
```

其中，该 shell 脚本的目的是将当前文件夹中的 lwipopts.h 替换至 kernel/liteos_m/components/net/lwip-2.1/include/lwipopts.h。

(4) 在 device/rockchip/rk2206/third_party/lwip 文件夹下新建一个编译配置文件 BUILD.gn，内容如下：

```
import("//build/lite/config/component/lite_component.gni")
import("//build/lite/config/subsystem/lite_subsystem.gni")
import("//device/rockchip/rk2206/sdk_liteos/board.gni")

build_ext_component("rk2206_lwip") {
  exec_path = rebase_path(".", root_build_dir)
  outdir = rebase_path("//kernel/liteos_m/components/net/lwip-2.1/porting/include/lwip/")
  command = "sh ./build.sh $outdir"
}
```

(5) 在 device/rockchip/rk2206/sdk_liteos/BUILD.gn 中新增 LwIP 协议栈编译选项，具体如下：

```
import("//build/lite/config/component/lite_component.gni")
import("//build/lite/config/subsystem/lite_subsystem.gni")

declare_args() {
  enable_hos_vendor_wifiiot_xts = false
}

lite_subsystem("wifiiot_sdk") {
  subsystem_components = [ ":sdk" ]
}

build_ext_component("liteos") {
  exec_path = rebase_path(".", root_build_dir)
  outdir = rebase_path(root_out_dir)
  command = "sh ./build.sh $outdir"
  deps = [
    ":sdk",
    "//build/lite:ohos",
  ]
  if (enable_hos_vendor_wifiiot_xts) {
    deps += [ "//build/lite/config/subsystem/xts:xts" ]
  }
}

lite_component("sdk") {
  features = [ ]

  deps = [
    "//device/rockchip/rk2206/sdk_liteos/board:board",
    "//device/rockchip/hardware:hardware",
    "../third_party/littlefs:lzlittlefs",
    "//build/lite/config/component/cJSON:cjson_static",
    "../third_party/lwip:rk2206_lwip",
    "//kernel/liteos_m/components/net/lwip-2.1:lwip",
    "//vendor/lockzhiner/rk2206/hdf_config:hdf_config",
    "//vendor/lockzhiner/rk2206/hdf_drivers:hdf_drivers",
    "//drivers/adapter/uhdf/manager:hdf_manager",
    "//drivers/adapter/uhdf/posix:hdf_posix",
  ]
}
```

其中，在 deps 中添加两条依赖编译，具体如下：

```
"../third_party/lwip:rk2206_lwip",
"//kernel/liteos_m/components/net/lwip-2.1:lwip",
```

8.2 MQTT 协议与移植

8.2.1 MQTT 协议简介

MQTT(Message Queuing Telemetry Transport，消息队列遥测传输)协议是一种基于发布/订阅(publish/subscribe)模式的轻量级协议。MQTT 协议是基于 TCP 协议开发的应用层协议，在有限的带宽环境下为连接远程设备提供实时、可靠的消息服务。MQTT 协议具有轻量、简单、易于开发和实现的特点，是一种低开销、低带宽占用的即时通信协议，广泛地应用于物联网、小型设备、移动应用等诸多领域。

8.2.2 MQTT 协议通信模型

MQTT 协议提供一对多的消息发布，可以降低应用程序的耦合性，用户只需要编写极少量的应用代码就能完成一对多的消息发布与订阅，在协议中主要有 3 种身份：发布者(Publisher)、服务器(Broker)以及订阅者(Subscriber)。其中，MQTT 消息的发布者和订阅者都是客户端，服务器只是作为一个中转存在，将发布者发布的消息转发给所有订阅该主题的订阅者；发布者可以发布在其权限之内的所有主题，并且消息发布者同时可以是订阅者，并实现了生产者与消费者的脱耦，发布的消息可以同时被多个订阅者订阅，如图 8.2.1 所示。

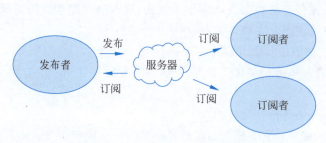

图 8.2.1 MQTT 协议通信模型图

其中，MQTT 客户端的功能有：
(1) 发布消息给其他相关的客户端。
(2) 订阅主题请求接收相关的应用消息。
(3) 取消订阅主题请求移除接收应用消息。
(4) 从服务器端终止连接。

MQTT 服务器常被称为 Broker(消息代理)，是一个应用程序或一台设备，一般为云服务器，比如华为云 IoT 平台就使用 MQTT 协议的服务器，它位于消息发布者和订阅者之间，以便用于接收消息并发送到订阅者之中，它的功能有：

(1) 接收来自客户端的网络连接请求。

(2) 接收客户端发布的应用消息。
(3) 处理客户端的订阅和取消订阅请求。
(4) 转发应用消息给符合条件的已订阅客户端(包括发布者自身)。

8.2.3 MQTT 协议传输消息

MQTT 传输的消息分为 Topic(主题)和 Payload(负载)两部分：
(1) Topic 可以理解为消息的类型，订阅者订阅(Subscribe)后，就会收到该主题的消息内容。
(2) Payload 可以理解为消息的内容，是指订阅者具体要使用的内容。

8.2.4 MQTT 协议服务质量

MQTT 的服务质量提供 3 个等级：
(1) QoS = 0——最多发送一次消息，在消息发送出去后，接收者不会发送回应，发送者也不会重发消息，消息可能送达一次也可能根本没送达，这个服务质量常用于不重要的消息传递中，因为即使消息丢了也没有太大关系。
(2) QoS = 1——最少发送一次消息(消息最少需要送达一次，也有可送达多次)，QoS1 的 PUBLISH 报文的可变报头中包含一个报文标识符，需要 PUBACK 报文确认。即需要接收者返回 PUBACK 应答报文。
(3) QoS = 2——最高等级的服务质量，消息丢失和重复都是不可接受的。

8.2.5 MQTT 协议的方法

MQTT 协议中定义了一些方法(也被称为动作)，来于表示对确定资源所进行操作。这个资源可以代表预先存在的数据或动态生成数据，这取决于服务器的实现。通常来说，资源指服务器上的文件或输出。主要方法有：
(1) Connect——等待与服务器建立连接。
(2) Disconnect——等待 MQTT 客户端完成所做的工作，并与服务器断开 TCP/IP 会话。
(3) Subscribe——等待完成订阅。
(4) UnSubscribe——等待服务器取消客户端的一个或多个 Topic 订阅。
(5) Publish——MQTT 客户端发送消息请求，发送完成后返回应用程序线程。

8.2.6 MQTT 函数接口

1. NetworkInit

```
void NetworkInit(Network * n);
```

1) 功能
初始化网络，填充 Network 数据结构体。
2) 参数
n：Network 数据结构体。

3)返回值

无。

2. NetworkConnect

```
int NetworkConnect(Network * n, char * addr, int port);
```

1)功能

连接到指定地址和端口的服务器端网络。

2)参数

n：Network 数据结构体；

addr：服务器端 IP 地址；

port：服务器端端口。

3)返回值

若成功,则返回 0；若失败,则返回负数。

3. NetworkDisconnect

```
void NetworkDisconnect(Network * n);
```

1)功能

断开服务器端网络。

2)参数

n：Network 数据结构体。

3)返回值

无。

4. MQTTClientInit

```
void MQTTClientInit(MQTTClient * c, Network * network, unsigned int command_timeout_ms,
        unsigned char * sendbuf, size_t sendbuf_size, unsigned char * readbuf, size_t readbuf
_size);
```

1)功能

初始化 MQTT 客户端,填充 MQTTClient 客户端数据结构体。

2)参数

c：MQTTClient 客户端数据结构体指针；

n：Network 数据结构体；

command_timeout_ms：命令超时时间,单位为 ms；

sendbuf：发送数据缓冲区指针；

sendbuf_size：发送数据缓冲区大小；

readbuf：接收数据缓冲区指针；

readbuf_size：接收数据缓冲区大小。

3)返回值

无。

5. MQTTStartTask

```
int MQTTStartTask(MQTTClient * client);
```

1)功能

启动 MQTT 协议栈服务线程,开始处理 MQTT 消息。

2)参数

client:MQTTClient 客户端数据结构体指针。

3)返回值

若成功,则返回 0;若失败,则返回负数。

6. MQTTConnect

```
int MQTTConnect(MQTTClient * c, MQTTPacket_connectData * options);
```

1)功能

MQTT 客户端连接 MQTT 服务器端。

2)参数

c:MQTTClient 客户端数据结构体指针;

options:MQTT 客户端连接参数指针,包含客户端 ID、用户名、密钥等参数。

3)返回值

若成功,则返回 0;若失败,则返回负数。

7. MQTTDisconnect

```
int MQTTDisconnect(MQTTClient * c);
```

1)功能

MQTT 客户端断开与 MQTT 服务器端的连接。

2)参数

c:MQTTClient 客户端数据结构体指针。

3)返回值

若成功,则返回 0;若失败,则返回负数。

8. MQTTPublish

```
int MQTTPublish(MQTTClient * c, const char * topicName, MQTTMessage * message);
```

1)功能

MQTT 客户端发送消息。

2)参数

c:MQTTClient 客户端数据结构体指针;

topicName:主题名称;

message:需要发送的消息指针。

3)返回值

若成功,则返回 0,若失败,则返回负数。

9. MQTTSubscribe

```
int MQTTSubscribe(MQTTClient * c, const char * topicFilter, enum QoS qos,
    messageHandler messageHandler);
```

1) 功能

MQTT 客户端订阅消息。

2) 参数

c：MQTTClient 客户端数据结构体指针；

topicFilter：主题过滤器；

qos：QoS 服务质量类型；

messageHandler：消息处理函数指针。

3) 返回值

若成功,则返回 0；若失败,则返回负数。

8.2.7　MQTT 移植

1. 源码下载

进入源码网址（https://github.com/eclipse/paho.mqtt.embedded-c）,单击 Download ZIP 下载源码包,如图 8.2.2 所示。解压源码包到第三方代码库路径/third_party 下,并重命名源码包文件名为 paho_mqtt。

2. 移植 LiteOS 接口

MQTT 源码包中目前不支持 LiteOS 系统,这里根据 FreeRTOS 系统代码编写的源码,实现 LiteOS 接口。在/third_party/paho_mqtt/MQTTClient-C/src 路径下新增 liteOS 文件夹,在 liteOS 文件夹中添加 MQTTLiteOS.c 和 MQTTLiteOS.h 两个文件,如图 8.2.3 所示。

图 8.2.2　源码下载

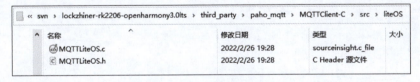

图 8.2.3　添加 LiteOS 平台代码

新增的代码文件主要实现网络读写、网络连接、互斥锁 3 种接口。

1) 网络读写接口

```
linux_read
linux_write
NetworkInit
```

2) 网络连接接口

```
NetworkConnect
NetworkDisconnect
```

3) 互斥锁接口

```
MqttMutexInit
MqttMutexLock
MqttMutexUnlock
```

因为 MQTTClient.c 代码中使用的 MutexInit、MutexLock 和 MutexUnlock 接口和内核代码重复定义,所以需要将 MQTTClient.c 代码中的 MutexInit、MutexLock 和 MutexUnlock 接口替换为 LiteOS 接口中定义的 MqttMutexInit、MqttMutexLock 和 MqttMutexUnlock 接口;同时,MQTTClient.h 文件中添加 liteOS 的头文件 MQTTLiteOS.h,代码如下:

```
#include "liteOS/MQTTLiteOS.h"
```

3. 添加编译脚本

进入/third_party/paho_mqtt 路径,添加编译脚本 BUILD.gn,添加头文件路径,添加需要编译的 C 源文件,最终编译生成 pahomqtt_static 静态库。

```
import("//drivers/adapter/khdf/liteos_m/hdf.gni")
import("//device/rockchip/rk2206/sdk_liteos/board.gni")

config("pahomqtt_config") {
    include_dirs = [
        "MQTTPacket/src",
        "MQTTClient-C/src",
        "MQTTClient-C/src/liteOS",
        "//third_party/iot_link/network/mqtt/mqtt_al",
        "//third_party/iot_link/inc",
        "//third_party/musl/porting/liteos_m/kernel/include",
        "//kernel/liteos_m/components/cmsis/2.0",
    ]
}
cflags = [ "-Wno-unused-variable" ]
cflags += [ "-Wno-unused-but-set-variable" ]
cflags += [ "-Wno-unused-parameter" ]
cflags += [ "-Wno-sign-compare" ]
cflags += [ "-Wno-unused-function" ]
cflags += [ "-Wno-return-type" ]

pahomqtt_sources = [
"MQTTClient-C/src/liteOS/MQTTLiteOS.c",
"MQTTClient-C/src/MQTTClient.c",
"MQTTPacket/src/MQTTConnectClient.c",
"MQTTPacket/src/MQTTConnectServer.c",
"MQTTPacket/src/MQTTDeserializePublish.c",
"MQTTPacket/src/MQTTFormat.c",
"MQTTPacket/src/MQTTPacket.c",
"MQTTPacket/src/MQTTSerializePublish.c",
"MQTTPacket/src/MQTTSubscribeClient.c",
"MQTTPacket/src/MQTTSubscribeServer.c",
"MQTTPacket/src/MQTTUnsubscribeClient.c",
"MQTTPacket/src/MQTTUnsubscribeServer.c",
"MQTTPacket/samples/transport.c",
]
```

```
static_library("pahomqtt_static") {
    sources = pahomqtt_sources
    public_configs = [ ":pahomqtt_config" ]
    deps = [
    ]
}
```

4. MQTT 静态库编译

完成以上移植后,需要将 MQTT 作为第三方库添加到系统的编译脚本中。修改编译脚本/device/rockchip/rk2206/sdk_liteos/BUILD.gn,添加 MQTT 第三方库的编译。

```
deps = [
    "//third_party/paho_mqtt:pahomqtt_static",
]
```

同时,将 MQTT 静态库链接到/device/rockchip/rk2206/sdk_liteos/Makefile 中,在 Makefile 中添加-lpahomqtt_static 静态库。

```
common_LIBS = -lpahomqtt_static
```

5. 使用 MQTT 静态库

需要使用 MQTT 接口的代码,只需要在代码中包含 MQTTClient.h 头文件,并且在工程路径下的 BUILD.gn 文件中添加 MQTT 静态库的头文件路径,代码如下:

```
include_dirs = [
    "//third_party/paho_mqtt/MQTTPacket/src",
    "//third_party/paho_mqtt/MQTTClient-C/src",
]
```

8.3 思考和练习

(1) LwIP 是什么?有什么特点?
(2) LwIP 提供了哪几种编程接口?它们各自的特点是什么?
(3) 基于 LwIP 协议栈的 TCP 客户端开发流程有哪些关键步骤和注意事项?
(4) MQTT 协议是什么?有什么特点?
(5) MQTT 协议的工作原理是什么?
(6) MQTT 协议中服务质量(QoS)等级有哪些?有什么特点?
(7) 根据 LwIP 协议栈与移植章节内容,下载 LwIP 协议栈源代码,移植并编译 LwIP 协议栈。
(8) 根据 MQTT 协议与移植章节内容,下载 MQTT 源代码,移植并编译 MQTT 协议。

第 9 章 畅游华为云

9.1 华为云 IoT 简介

设备接入服务是华为云的物联网平台,提供海量设备连接上云、设备和云端双向消息通信、批量设备管理、远程控制和监控、OTA 升级、制定设备联动规则等能力,并可将设备数据灵活流转到华为云其他服务,帮助物联网行业用户快速完成设备联网及行业应用集成。

1. 登录华为云

在将设备连接到华为云前,需要做一些准备工作。请在华为云平台注册个人用户账号,并且需要实名认证后才可以正常使用,否则不能使用设备连接的功能。

进入华为云 IoTDM,界面如图 9.1.1 所示。

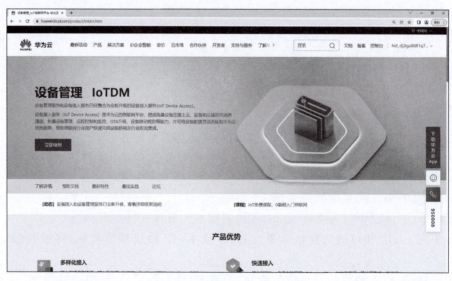

图 9.1.1　华为云 IoTDM 界面

2. 华为云接入协议

注册好个人用户账号后,进行登录,进入华为云设备管理 IoTDM 首页,单击"立即使用"按钮,进入物联网平台页面,在侧边栏选择"总览"页面,单击"平台接入地址",如图 9.1.2 所示。

接入信息页面会显示华为云平台的接入协议(端口号)与接入地址域名信息,选择

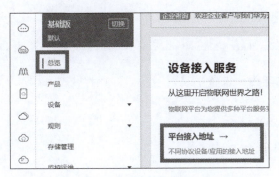

图 9.1.2　华为云平台接入地址

MQTT 协议作为设备接入协议。

接入协议(端口号)：MQTT(1883)。

接入地址域名：a161b173a6.iot-mqtts.cn-north-4.myhuaweicloud.com，如图 9.1.3 所示。

图 9.1.3　华为云设备接入端口、地址

使用 Win+R 组合键打开 PC 命令行界面，执行如下命令获取接入地址域名的 IP 地址。

```
ping a161b173a6.iot-mqtts.cn-north-4.myhuaweicloud.com
```

通过 ping 命令可以查询到华为云 IoT 接入域名的 IP 地址为 121.36.42.100，如图 9.1.4 所示。

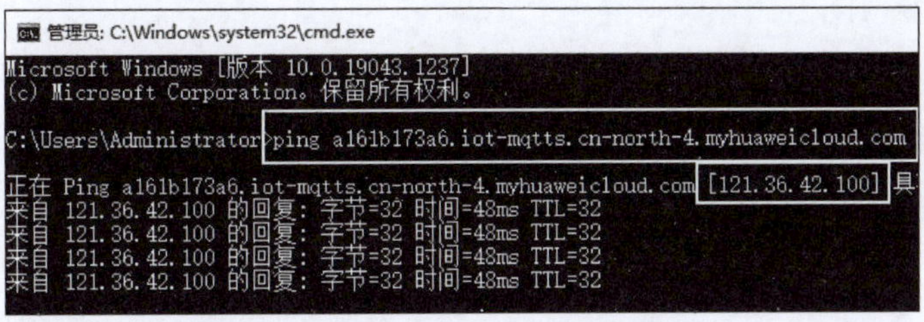

图 9.1.4　查询华为云 IoT 接入地址 IP

对应修改 oc_mqtt.h 例程代码，华为云 IoT 接入 IP 地址对应例程代码中的 OC_SERVER_IP，华为云接入协议端口号 1883 对应例程代码中的 OC_SERVER_PORT。

```
#define OC_SERVER_IP      "121.36.42.100"
#define OC_SERVER_PORT    1883
```

3. 华为云 MQTT 接口

华为云使用 MQTT 物联网协议进行数据传输和命令控制等操作，MQTT 协议接口在第 8 章中有详细介绍，这里只介绍连接华为云所需要的初始化接口、MQTT 客户端初始化接口和数据上报接口。

1) device_info_init()

```
void device_info_init(char * client_id, char * username, char * password);
```

(1) 功能：初始化华为云设备信息。
(2) 参数。
client_id：客户端 ID；
username：用户名；
password：密码。
(3) 返回值：无。
2) oc_mqtt_init()

```
int oc_mqtt_init(void);
```

(1) 功能：初始化 MQTT 客户端。
(2) 参数：无。
(3) 返回值。
0：初始化成功；
−1：获取设备信息失败；
−2：初始化失败。
3) oc_mqtt_profile_propertyreport()

```
int oc_mqtt_profile_propertyreport(char * deviceid, oc_mqtt_profile_service_t * payload);
```

(1) 功能：按照华为云上产品模型中定义的格式，将设备的属性数据上报到华为云。
(2) 参数。
deviceid：设备 ID。
payload：需要上传的消息指针。
(3) 返回值：若成功，则返回 0；若失败，则返回 1。

9.2 华为云 IoT 智慧农业应用

视频讲解

9.2.1 程序设计

1. 主程序设计

如图 9.2.1 所示为华为云 IoT 智慧农业主程序流程图，开机 LiteOS 系统初始化后，创建一个消息队列用于任务间传递数据。同时创建两个任务：智慧农业数据采集和华为云 IoT 数据服务。

智慧农业数据采集任务，先初始化智慧农业模块，程序进入循环，采用轮询的方式，周期性地获取智慧农业模块传感器的光线强度、温度和湿度数据，并将获取到的数据写入消息队列中。

华为云 IoT 数据服务任务，首先通过 Wi-Fi 连接到华为云 IoT 平台，程序进入循环，阻塞等待消息队列的数据，当消息队列中有数据时，取出队列中的数据，根据数据类型进行对

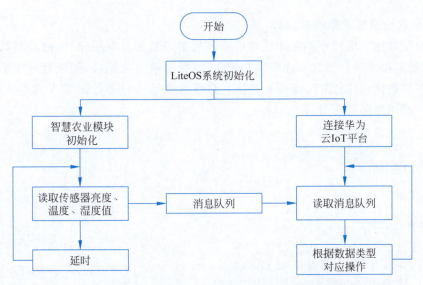

图 9.2.1 华为云 IoT 智慧农业主程序流程图

应的操作。

程序代码如下：

```
{
    unsigned int ret = LOS_OK;
    unsigned int thread_id1;
    unsigned int thread_id2;
    TSK_INIT_PARAM_S task1 = {0};
    TSK_INIT_PARAM_S task2 = {0};
    ret = LOS_QueueCreate("queue", MSG_QUEUE_LENGTH, &m_ia_MsgQueue, 0, BUFFER_LEN);
    if (ret != LOS_OK)
    {
        printf("Failed to create Message Queue ret:0x%x\n", ret);
        return;
    }
    task1.pfnTaskEntry = (TSK_ENTRY_FUNC)iot_cloud_ia_thread;
    task1.uwStackSize = 10240;
    task1.pcName = "iot_cloud_ia_thread";
    task1.usTaskPrio = 24;
    ret = LOS_TaskCreate(&thread_id1, &task1);
    if (ret != LOS_OK)
    {
        printf("Failed to create iot_cloud_ia_thread ret:0x%x\n", ret);
        return;
    }
    task2.pfnTaskEntry = (TSK_ENTRY_FUNC)e53_ia_thread;
    task2.uwStackSize = 2048;
    task2.pcName = "e53_ia_thread";
    task2.usTaskPrio = 25;
    ret = LOS_TaskCreate(&thread_id2, &task2);
    if (ret != LOS_OK)
    {
        printf("Failed to create e53_ia_thread ret:0x%x\n", ret);
        return;
    }
}
```

2. 智慧农业数据采集程序设计

智慧农业数据采集程序的初始化和传感器数据采集部分程序设计,已经在第 6 章详细介绍过,此处不再赘述。智慧农业模块初始化后,任务进入主循环,周期性地获取智慧农业模块的传感器数据,包括温度、湿度和亮度。将获取到的传感器数据写入消息队列中,等待华为云 IoT 数据服务程序处理。

```
{
    ia_msg_t * app_msg = NULL;
    e53_ia_data_t data;

    e53_ia_init();

    while (1)
    {
        e53_ia_read_data(&data);
        printf("Luminance:%.2f temperature:%.2f humidity:%.2f\n", data.luminance, data.
        temperature, data.humidity);

        app_msg = malloc(sizeof(ia_msg_t));
        if (app_msg != NULL)
        {
            app_msg -> msg_type = en_msg_report;
            app_msg -> report.hum = (int)data.humidity;
            app_msg -> report.lum = (int)data.luminance;
            app_msg -> report.temp = (int)data.temperature;
            if (LOS_QueueWrite(m_ia_MsgQueue, (void * )app_msg, sizeof(ia_msg_t), LOS_WAIT_
            FOREVER) != LOS_OK)
            {
                printf("%s LOS_QueueWrite fail\n", __func__);
                free(app_msg);
            }
        }
        LOS_Msleep(5000);
    }
}
```

3. 华为云 IoT 数据服务程序设计

华为云 IoT 数据服务程序首先需要初始化 Wi-Fi,通过 Wi-Fi 连接网络,通过网络连接到华为云 IoT 平台上;程序使用 MQTT 协议对接华为云 IoT 平台,使用正确的设备连接信息 CLIENT_ID、USERNAME、PASSWORD,设备才能够在华为云 IoT 平台上线。

成功连接华为云 IoT 平台后,华为云 IoT 数据服务程序进入主循环,阻塞等待消息队列消息到达。消息队列中有两种数据格式:智慧农业数据上报和华为云命令处理。

```
{
    ia_msg_t * app_msg = NULL;
    unsigned int addr;
    int ret;

    SetWiFiModeOn();

    device_info_init(CLIENT_ID, USERNAME, PASSWORD);
    ret = oc_mqtt_init();
```

```c
    if (ret != LOS_OK)
    {
        printf("oc_mqtt_init fail ret:%d\n", ret);
    }
    oc_set_cmd_rsp_cb(ia_cmd_response_callback);

    while (1)
    {
        ret = LOS_QueueRead(m_ia_MsgQueue, (void *)&addr, BUFFER_LEN, LOS_WAIT_FOREVER);
        if (ret == LOS_OK)
        {
            app_msg = addr;
            switch (app_msg->msg_type)
            {
                case en_msg_cmd:
                    ia_deal_cmd_msg(&app_msg->cmd);
                    break;
                case en_msg_report:
                    ia_deal_report_msg(&app_msg->report);
                    break;
                default:
                    break;
            }
            free(app_msg);
            app_msg = NULL;
        }
        else
        {
            LOS_Msleep(100);
        }
    }
}
```

从消息队列中取出智慧农业数据后,程序按照温度、湿度、亮度、紫光灯状态和电机状态的数据格式填充数据包,并通过华为云 IoT 上报接口将数据包上传到华为云 IoT 平台上,就可以在华为云 IoT 平台上看到智慧农业模块上传的传感器信息。

```c
{
    oc_mqtt_profile_service_t service;
    oc_mqtt_profile_kv_t temperature;
    oc_mqtt_profile_kv_t humidity;
    oc_mqtt_profile_kv_t luminance;
    oc_mqtt_profile_kv_t led;
    oc_mqtt_profile_kv_t motor;

    service.event_time = NULL;
    service.service_id = "智慧农业";
    service.service_property = &temperature;
    service.nxt = NULL;

    temperature.key = "温度";
    temperature.value = &report->temp;
    temperature.type = EN_OC_MQTT_PROFILE_VALUE_INT;
    temperature.nxt = &humidity;
```

```c
        humidity.key = "湿度";
        humidity.value = &report->hum;
        humidity.type = EN_OC_MQTT_PROFILE_VALUE_INT;
        humidity.nxt = &luminance;
        luminance.key = "亮度";
        luminance.value = &report->lum;
        luminance.type = EN_OC_MQTT_PROFILE_VALUE_INT;
        luminance.nxt = &led;

        led.key = "紫光灯状态";
        led.value = m_app_status.led ? "开" : "关";
        led.type = EN_OC_MQTT_PROFILE_VALUE_STRING;
        led.nxt = &motor;

        motor.key = "电机状态";
        motor.value = m_app_status.motor ? "开" : "关";
        motor.type = EN_OC_MQTT_PROFILE_VALUE_STRING;
        motor.nxt = NULL;

        oc_mqtt_profile_propertyreport(USERNAME, &service);
}
```

当从消息队列中取出华为云命令格式,命令由华为云 IoT 平台下发,命令分为紫光灯控制和电机控制两种。程序解析华为云命令体,并根据解析出的命令体,对应控制紫光灯和电机的开关。

```c
{
    cJSON * obj_root;
    cJSON * obj_cmdname;
    cJSON * obj_paras;
    cJSON * obj_para;
    int cmdret = 1;
    oc_mqtt_profile_cmdresp_t cmdresp;

    obj_root = cJSON_Parse(cmd->payload);
    if (obj_root == NULL)
    {
        goto EXIT_JSONPARSE;
    }

    obj_cmdname = cJSON_GetObjectItem(obj_root, "command_name");
    if (obj_cmdname == NULL)
    {
        goto EXIT;
    }
    if (0 == strcmp(cJSON_GetStringValue(obj_cmdname), "紫光灯控制"))
    {
        obj_paras = cJSON_GetObjectItem(obj_root, "paras");
        if (obj_paras == NULL)
        {
            goto EXIT;
        }
        obj_para = cJSON_GetObjectItem(obj_paras, "Light");
        if (obj_para == NULL)
        {
```

```
            goto EXIT;
        }
        if (0 == strcmp(cJSON_GetStringValue(obj_para), "ON"))
        {
            m_app_status.led = 1;
            light_set(ON);
            printf("Light On\n");
        }
        else
        {
            m_app_status.led = 0;
            light_set(OFF);
            printf("Light Off\n");
        }
        cmdret = 0;
    }
    else if (0 == strcmp(cJSON_GetStringValue(obj_cmdname), "电机控制"))
    {
        obj_paras = cJSON_GetObjectItem(obj_root, "Paras");
        if (obj_paras == NULL)
        {
            goto EXIT;
        }
        obj_para = cJSON_GetObjectItem(obj_paras, "Motor");
        if (obj_para == NULL)
        {
            goto EXIT;
        }
        if (0 == strcmp(cJSON_GetStringValue(obj_para), "ON"))
        {
            m_app_status.motor = 1;
            motor_set_status(ON);
            printf("Motor On\n");
        }
        else
        {
            m_app_status.motor = 0;
            motor_set_status(OFF);
            printf("Motor Off\n");
        }
        cmdret = 0;
    }
EXIT:
    cJSON_Delete(obj_root);
EXIT_JSONPARSE:
    cmdresp.paras = NULL;
    cmdresp.request_id = cmd->request_id;
    cmdresp.ret_code = cmdret;
    cmdresp.ret_name = NULL;

    oc_mqtt_profile_cmdresp(NULL, &cmdresp);
}
```

9.2.2 连接华为云

1. 创建产品

登录华为云 IoT 平台,进入物联网平台首页,在侧边栏选择"产品"页面,单击右上角的

"创建产品"按钮,开始创建智慧农业产品,如图9.2.2所示。在"创建产品"窗口填写产品名称智慧农业,选择MQTT协议类型、JSON数据格式,厂家名称和设备类型依据个人需求填写。

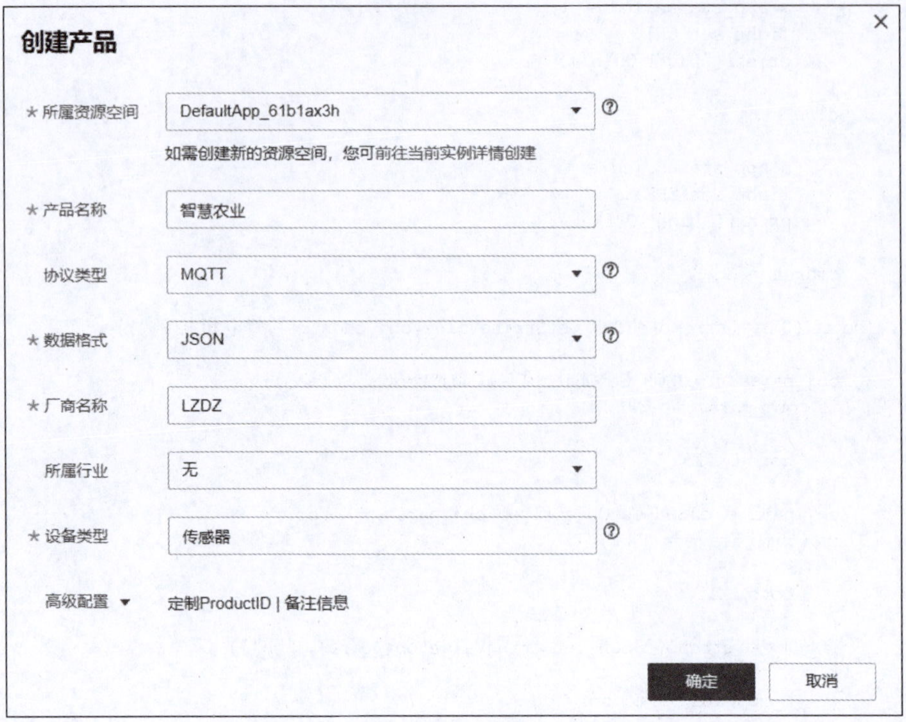

图 9.2.2　创建产品

产品创建完成后,单击产品详情页自定义模型,在弹窗中添加服务,如图9.2.3所示,填写的"服务ID"为"智慧农业",必须与代码中的service_id一致;否则,设备无法在华为云IoT平台上线。

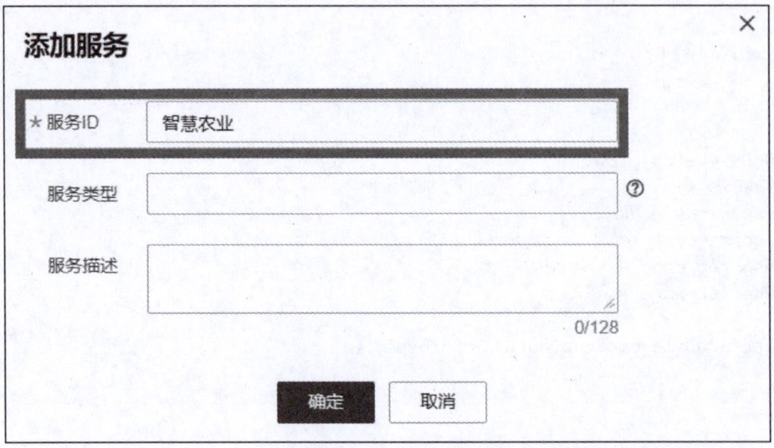

图 9.2.3　添加服务

服务添加完成后,选择智慧农业服务,单击添加属性,进行温度属性的设置,"数据类型"选择"int(整型)","访问权限"为"可读","取值范围"为0~65535,如图9.2.4所示。

图 9.2.4 添加温度属性

选择智慧农业服务,单击添加属性,进行湿度属性的设置,"数据类型"选择"int(整型)","访问权限"为"可读","取值范围"为 0~65535,如图 9.2.5 所示。

图 9.2.5 添加湿度属性

选择智慧农业服务,单击添加属性,进行亮度属性的设置,"数据类型"选择"int(整型)","访问权限"为"可读","取值范围"为 0~65535,如图 9.2.6 所示。

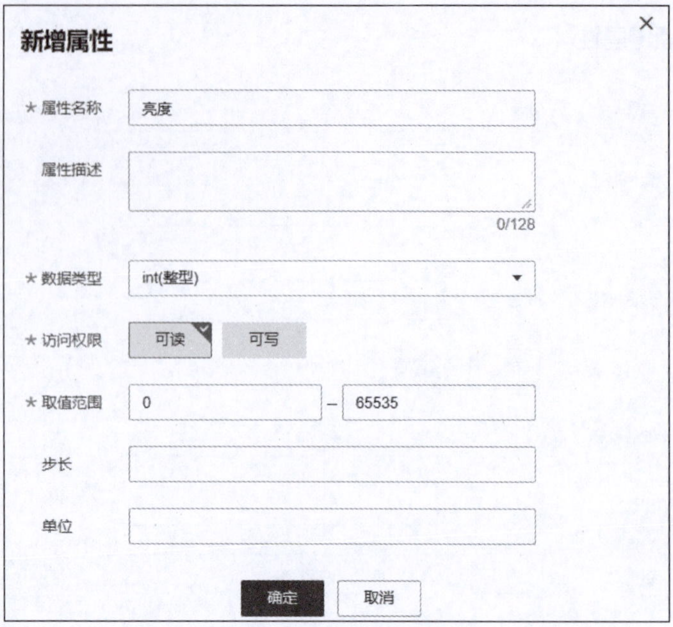

图 9.2.6　添加亮度属性

选择智慧农业服务，单击添加属性，进行紫光灯状态属性的设置，"数据类型"选择"string(字符串)"，"访问权限"为"可读"，"长度"为3，如图 9.2.7 所示。

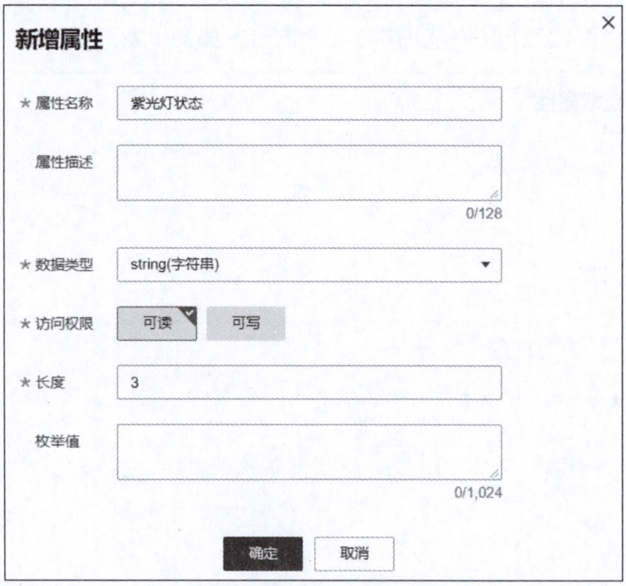

图 9.2.7　添加紫光灯状态属性

选择智慧农业服务，单击添加属性，进行电机状态属性的设置，"数据类型"选择"string(字符串)"，"访问权限"为"可读"，"长度"为3，如图 9.2.8 所示。

选择智慧农业服务，单击添加命令，对紫光灯控制命令进行设置，如图 9.2.9 所示。

命令名称：紫光灯控制。

参数名称：Light。

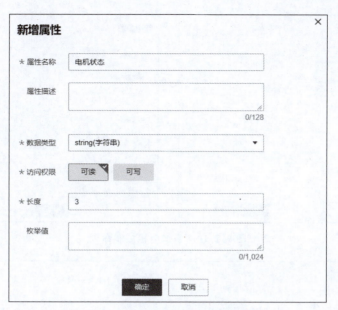

图 9.2.8　添加电机状态属性

数据类型：string(字符串)。
长度：3。
枚举值：ON,OFF。

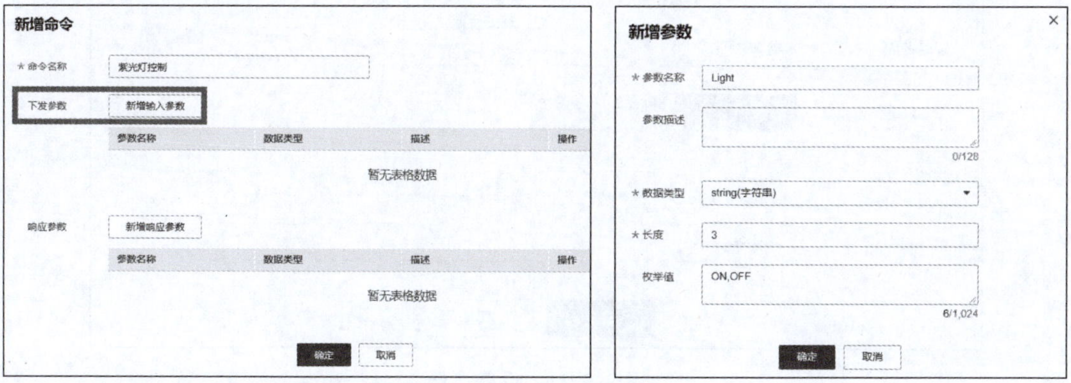

图 9.2.9　添加紫光灯控制命令

选择智慧农业服务，单击添加命令，对电机控制命令进行设置，如图 9.2.10 所示。
命令名称：电机控制。
参数名称：Motor。
数据类型：string(字符串)。
长度：3。
枚举值：ON,OFF。

2. 注册设备

产品创建完成后，需要将设备注册到华为云 IoT 平台，在侧边栏选择"所有设备"页面，单击右上角的"注册设备"按钮，注册智慧农业设备，选中对应所属资源空间和刚刚创建的智慧农业产品，注意"设备认证类型"选择"密钥"，并按照要求填写密钥，如图 9.2.11 所示。

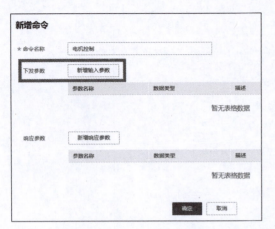

图 9.2.10 添加电机控制命令

图 9.2.11 设备注册

设备注册完成后,在侧边栏选择"所有设备"页面,可以看到所有注册完成的设备,如图 9.2.12 所示。

设备注册完成后,在连接华为云 IoT 平台前需要获取 CLIENT_ID、USERNAME、PASSWORD 才能在华为云 IoT 平台上线。单击进入智慧农业设备详情页面,查看设备 ID,如图 9.2.13 所示。

访问华为云 IoT 工具,网址为 https://iot-tool.obs-website.cn-north-4.myhuaweicloud.com/。

填入设备详情页面的设备 ID 和创建设备时设置的设备密钥,单击生成华为云 IoT 平台连接信息 ClientId、Username、Password,如图 9.2.14 所示。

以生成的 ClientId、Username、Password 修改 iot_cloud_ia_example.c 代码中对应的 CLIENT_ID、USERNAME、PASSWORD。

图 9.2.12　查看所有设备信息

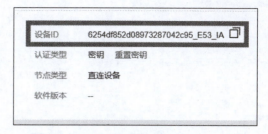
图 9.2.13　查看设备 ID

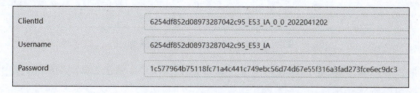
图 9.2.14　生成设备连接信息

```
#define CLIENT_ID      "61c68f24078a93029b83ce27_E53_IA_0_0_2022020914"
#define USERNAME                   "61c68f24078a93029b83ce27_E53_IA"
#define PASSWORD "f65f9721c8dbe96b07df7f273f74e2e25260f739c41e6f0076e78a7f4ff1bbed"
```

3. Wi-Fi 连接

修改例程代码\device\rockchip\rk2206\sdk_liteos\board\src\config_network.c 中的 SSID 和 PASSWORD 为需要连接 Wi-Fi 的 SSID 和密钥用于连接网络，设备通过 Wi-Fi 访问华为云。

```
#define SSID                       "凌智电子"
#define PASSWORD                   "88888888"
```

9.2.3　实验结果

程序编译烧写到开发板后，按下开发板的 RESET 按键，通过串口软件查看日志，具体内容如下：

```
Luminance is 153.33
Humidity is 37.69
Temperature is 21.30
light on
light off
motor on
motor off
```

1. 查看开发板上报的数据

登录华为云 IoT 平台，在侧边栏选择所有设备页面，单击进入智慧农业设备详情页面，此时看到设备在华为云 IoT 平台上线，并可以查看开发板上报的数据，如图 9.2.15 所示。

2. 控制紫光灯开启

在设备详情页面，单击"命令"按钮，再单击"命令下发"按钮；在弹出的"下发命令"窗口

图 9.2.15　华为云平台查看数据

中,"选择命令"为"智慧农业:紫光灯控制","Light"为 ON,单击"确定"按钮,控制紫光灯开启,如图 9.2.16 所示。

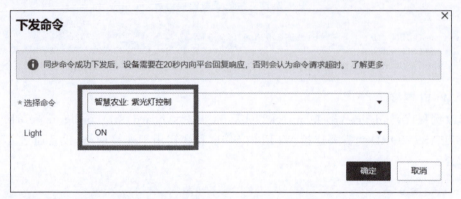

图 9.2.16　华为云平台命令控制紫光灯

3. 控制电机转动

在设备详情页面,单击"命令"按钮,再单击"命令下发"按钮;在弹出的"下发命令"窗口中,"选择命令"为"智慧农业:电机控制","Motor"为 ON,单击"确定"按钮,控制电机开启,如图 9.2.17 所示。

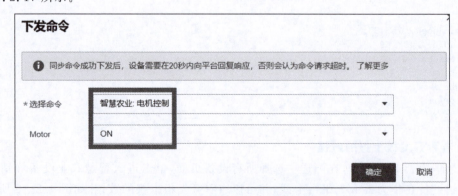

图 9.2.17　华为云平台命令控制电机

通过 2、3 两个步骤,华为云平台会下发相应命令,开发板接收到命令后,解析收到的命令体,对应控制紫光灯和电机开启,此时可以看到智慧农业模块上的紫光灯点亮、电机转动,说明实验成功。

9.3 华为云 IoT 智慧井盖应用

9.3.1 程序设计

1. 主程序设计

图 9.3.1 所示为华为云 IoT 智慧井盖主程序流程图,开机 LiteOS 系统初始化后进入主程序。主程序首先创建一个消息队列用于任务间传递数据,同时创建两个任务:智慧井盖数据采集和华为云 IoT 数据服务。

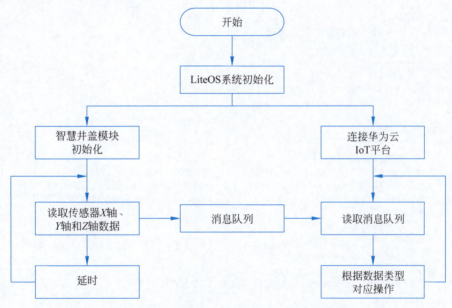

图 9.3.1 华为云 IoT 智慧井盖主程序流程图

智慧井盖数据采集任务,先初始化智慧井盖模块,程序进入循环,采用轮询的方式,周期性地获取智慧井盖模块传感器的 X 轴、Y 轴和 Z 轴数据,然后将获取到的数据按照上报的消息格式填充,写入消息队列中。

华为云 IoT 数据服务任务,首先通过 Wi-Fi 连接网络到华为云 IoT 平台;程序进入循环,阻塞等待消息队列的数据,当消息队列中有数据时,取出队列中的数据,根据消息类型进行对应的操作。

2. 智慧井盖数据采集程序设计

智慧井盖数据采集程序的初始化和传感器数据采集部分程序设计,已经在第 6 章详细介绍过,此处不再赘述。智慧井盖模块初始化后,任务进入主循环,周期性地获取智慧井盖模块的传感器数据,包括 X 轴、Y 轴和 Z 轴数据。将获取到的传感器数据写入消息队列中,等待华为云 IoT 数据服务程序处理。

```c
sc_msg_t * app_msg = NULL;
e53_sc_data_t data;
int x = 0, y = 0, z = 0;

/* 初始化智慧井盖模块 */
e53_sc_init();
led_d1_set(OFF);
led_d2_set(OFF);

while (1)
{
    /* 获取智慧井盖传感器数据 */
    e53_sc_read_data(&data);
    printf("x is %d\n", (int)data.accel[0]);
    printf("y is %d\n", (int)data.accel[1]);
    printf("z is %d\n", (int)data.accel[2]);
    printf("init x:%d y:%d z:%d", x, y, z);
    /* 保存第一组传感器数据作为标准值 */
    if (x == 0 && y == 0 && z == 0)
    {
        x = (int)data.accel[0];
        y = (int)data.accel[1];
        z = (int)data.accel[2];
    }
    else
    {
        /* 判断井盖是否倾斜 */
        if ((x + DELTA) < data.accel[0] || (x - DELTA) > data.accel[0] ||
            (y + DELTA) < data.accel[1] || (y - DELTA) > data.accel[1] ||
            (z + DELTA) < data.accel[2] || (z - DELTA) > data.accel[2])
        {
            /* 倾斜告警 */
            led_d1_set(OFF);
            led_d2_set(ON);
            data.tilt_status = 1;
            printf("tilt warning \nLED1 OFF LED2 On\n");
        }
        else
        {
            /* 解除倾斜告警 */
            led_d1_set(ON);
            led_d2_set(OFF);
            data.tilt_status = 0;
            printf("normal \nLED1 ON LED2 OFF\n");
        }
    }

    /* 申请内存用于存放传感器数据 */
    app_msg = malloc(sizeof(sc_msg_t));
    if (app_msg != NULL)
    {
        /* 填充传感器数据 */
        app_msg->msg_type = en_msg_report;
        app_msg->report.x = (int)data.accel[0];
        app_msg->report.y = (int)data.accel[1];
        app_msg->report.z = (int)data.accel[2];
        app_msg->report.tilt_status = data.tilt_status;
```

```c
        /*将传感器数据写入消息队列*/
        if (LOS_QueueWrite(m_sc_msg_queue, (void *)app_msg, sizeof(sc_msg_t), LOS_WAIT_FOREVER) != LOS_OK)
        {
            printf("%s LOS_QueueWrite fail\n", __func__);
            free(app_msg);
        }
    }

    /*延时2s*/
    LOS_Msleep(2000);
}
```

3. 华为云 IoT 数据服务程序设计

华为云 IoT 数据服务程序首先需要初始化 Wi-Fi,通过 Wi-Fi 连接网络,通过网络连接到华为云 IoT 平台上;程序使用 MQTT 协议对接华为云 IoT 平台,使用正确的设备连接信息 CLIENT_ID、USERNAME、PASSWORD,设备才能够在华为云 IoT 平台上线。

成功连接华为云 IoT 平台后,华为云 IoT 数据服务程序进入主循环,阻塞等待消息队列消息到达。消息队列中只有一种数据格式:智慧井盖数据上报处理。

```c
sc_msg_t *app_msg = NULL;
unsigned int addr;
int ret;

/*配置并开启 Wi-Fi*/
SetWifiModeOn();

/*初始化 MQTT 协议,通过用户名和密钥连接华为云 IoT 平台*/
device_info_init(CLIENT_ID, USERNAME, PASSWORD);
ret = oc_mqtt_init();
if (ret != LOS_OK)
{
    printf("oc_mqtt_init fail ret:%d\n", ret);
}

while (1)
{
    /*阻塞等待读取队列消息,队列中有消息则读取数据*/
    ret = LOS_QueueRead(m_sc_msg_queue, (void *)&addr, BUFFER_LEN, LOS_WAIT_FOREVER);
    if (ret == LOS_OK)
    {
        app_msg = addr;
        switch (app_msg->msg_type)
        {
            /*华为云上报数据处理*/
            case en_msg_report:
                sc_deal_report_msg(&app_msg->report);
                break;
            default:
                break;
        }
        free(app_msg);
        app_msg = NULL;
    }
```

```
        else
        {
            /*延时100ms*/
            LOS_Msleep(100);
        }
    }
```

从消息队列中取出智慧井盖数据后,程序按照X轴、Y轴、Z轴和倾斜告警的数据格式填充数据包,并通过华为云IoT上报接口将数据包上传到华为云IoT平台上,就可以在华为云IoT平台上看到智慧井盖模块上传的传感器信息。

```
oc_mqtt_profile_service_t service;
oc_mqtt_profile_kv_t x;
oc_mqtt_profile_kv_t y;
oc_mqtt_profile_kv_t z;
oc_mqtt_profile_kv_t tilt_status;

/*按照华为云产品格式填充上报数据*/
service.event_time = NULL;
service.service_id = "智慧井盖";
service.service_property = &x;
service.nxt = NULL;

/*填充X轴数据*/
x.key = "X";
x.value = &report->x;
x.type = EN_OC_MQTT_PROFILE_VALUE_INT;
x.nxt = &y;

/*填充Y轴数据*/
y.key = "Y";
y.value = &report->y;
y.type = EN_OC_MQTT_PROFILE_VALUE_INT;
y.nxt = &z;

/*填充Z轴数据*/
z.key = "Z";
z.value = &report->z;
z.type = EN_OC_MQTT_PROFILE_VALUE_INT;
z.nxt = &tilt_status;

/*填充告警状态数据*/
tilt_status.key = "倾斜告警";
tilt_status.value = report->tilt_status?"是":"否";
tilt_status.type = EN_OC_MQTT_PROFILE_VALUE_STRING;
tilt_status.nxt = NULL;

/*将数据上传华为云*/
oc_mqtt_profile_propertyreport(USERNAME, &service);
return;
```

9.3.2 连接华为云

1. 创建产品

登录华为云IoT平台,进入物联网平台首页,在侧边栏选择"产品"页面,单击右上角

"创建产品"按钮,开始创建智慧井盖产品,如图9.3.2所示。在"创建产品"窗口填写产品名称"智慧井盖",选择MQTT协议类型、JSON数据格式,设备类型依据个人需求填写。

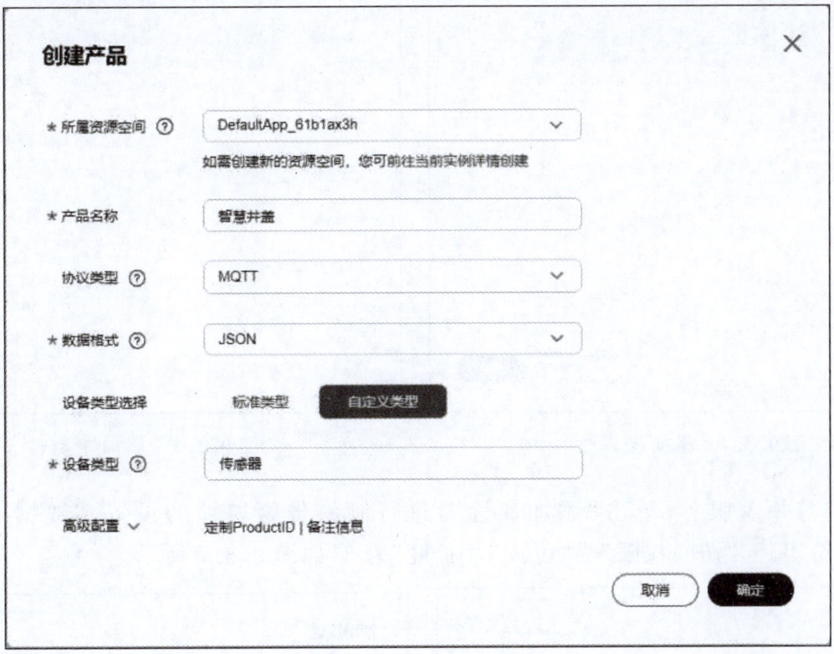

图 9.3.2　创建产品

产品创建完成后,单击产品详情页自定义模型,在弹窗中添加服务,如图9.3.3所示,填写的"服务ID"为"智慧井盖",必须与代码中的 service_id 一致;否则,设备无法在华为云 IoT 平台上线。

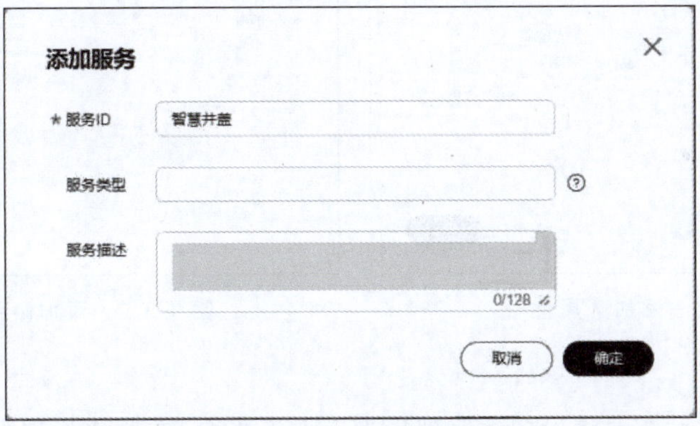

图 9.3.3　添加服务

服务添加完成后,选择智慧井盖服务,单击"添加属性",进行 X 属性的设置,"数据类型"选择"int(整型)","访问权限"为"可读","取值范围"为 0~65535,如图9.3.4所示。

选择智慧井盖服务,单击"添加属性",进行 Y 属性的设置,"数据类型"选择"int(整型)","访问权限"为"可读","取值范围"为 0~65535,如图9.3.5所示。

选择智慧井盖服务,单击"添加属性",进行 Z 属性的设置,"数据类型"选择"int(整型)","访问权限"为"可读","取值范围"为 0~65535,如图9.3.6所示。

图 9.3.4　添加 X 属性

图 9.3.5　添加 Y 属性

选择智慧井盖服务,单击"添加属性",进行倾斜告警属性的设置,"数据类型"选择"string(字符串)","访问权限"为"可读","长度"为 3,如图 9.3.7 所示。

图 9.3.6　添加 Z 属性

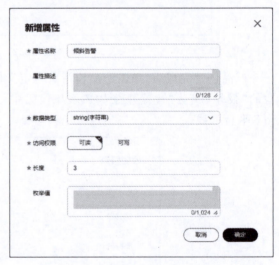

图 9.3.7　添加倾斜告警属性

2. 注册设备

产品创建完成后,需要将设备注册到华为云 IoT 平台,在侧边栏选择"所有设备"页面,单击右上角的"注册设备"按钮,注册智慧井盖设备,选中对应所属资源空间和刚刚创建的智慧井盖产品,注意"设备认证类型"选择"密钥",并按照要求填写密钥,如图 9.3.8 所示。

设备注册完成后,在侧边栏选择"所有设备"页面,可以看到所有注册完成的设备,如图 9.3.9 所示。

设备注册完成后,在连接华为云 IoT 平台前需要获取 CLIENT_ID、USERNAME、PASSWORD 才能在华为云 IoT 平台上线。进入智慧农业设备详情页面,查看设备 ID,如图 9.3.10 所示。

图 9.3.8 设备注册

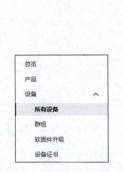

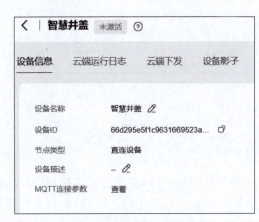

图 9.3.9 查看所有设备信息　　　　图 9.3.10 查看设备 ID

访问华为云 IoT 工具，网址为 https://iot-tool.obs-website.cn-north-4.myhuaweicloud.com/。填入设备详情页面的设备 ID 和创建设备时设置的设备密钥，单击生成华为云 IoT 平台连接信息 ClientId、Username、Password，如图 9.3.11 所示。

图 9.3.11 生成设备连接信息

以生成的 ClientId、Username、Password 修改 iot_cloud_ia_example.c 代码中对应的 CLIENT_ID、USERNAME、PASSWORD。

```
#define CLIENT_ID
"66d295e5f1c9631669523a62_E53_SC_0_1_2024091406"
#define USERNAME
"66d295e5f1c9631669523a62_E53_SC"
#define PASSWORD
"41f82dcbe012dca34033ee4adc4d6f766fcfd08fe2e53be0a15fa83bfbfaf0a4"
```

3. Wi-Fi 连接

修改例程代码\device\rockchip\rk2206\sdk_liteos\board\src\config_network.c 中的 SSID 和 PASSWORD 连接网络，设备通过 Wi-Fi 访问华为云 IoT 平台。

```
#define SSID            "凌智电子"
#define PASSWORD        "88888888"
```

9.3.3 实验结果

程序编译烧写到开发板后，按下开发板的 RESET 按键，通过串口软件查看日志，具体内容如下。

```
x is    188
y is    56
z is    2226
init x:157 y:33 z:2223normal
LED1 ON LED2 OFF
x is    498
y is    1186
z is    1808
init x:157 y:33 z:2223tilt warning
LED1 OFF LED2 On
```

登录华为云 IoT 平台，在侧边栏选择"所有设备"，单击进入智慧井盖设备详情页面，此时看到设备在华为云 IoT 平台上线，可以查看开发板上报的数据，如图 9.3.12 所示。

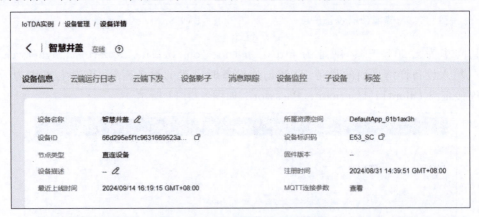

图 9.3.12　华为云平台查看数据

9.4 思考和练习

(1) 华为云 IoT 平台是什么？有什么特点？

(2) 华为云 IoT 平台提供哪些服务和功能？

(3) 华为云 IoT 平台的基本架构包括哪些？

(4) 举例说明华为云 IoT 平台在智慧农业的应用中，如何提升农业生产效率。

(5) 举例说明华为云 IoT 平台在智慧城市的应用中，如何提升城市管理效率。

(6) OpenHarmony 终端设备如何与华为云 IoT 平台连接？有哪些操作步骤和注意事项？

(7) 设计并编写一个程序，实现如下功能：

华为云智慧农业应用，在华为云 IoT 平台上增加温度、湿度和光线强度阈值配置接口，通过华为云远程管理智慧农业模块。

(8) 设计并编写一个程序，实现如下功能：

华为云智慧井盖应用，在华为云 IoT 平台上增加井盖倾斜角度阈值配置接口，通过华为云远程管理智慧井盖模块。